国家中等职业教育改革发展示范校建设系列教材

# 钢 筋 工 实 训

主　编　温淑桥

副主编　徐　锦

参　编　蒲建雄　张晓霞　闵卫林

中国水利水电出版社
www.waterpub.com.cn

## 内 容 提 要

本教材是示范院校国家级重点建设专业——水利水电工程技术专业课程改革系列教材之一。本教材注重结合水利工程建设行业的实际，体现了水利工程建设行业的人才需求特点。在内容编排上，以钢筋图识读、钢筋现场检查验收与管理、钢筋配料计算、钢筋代换、钢筋加工、钢筋连接、钢筋绑扎与安装、质量验收等为主线，构成了一个完整的工作过程。在编写过程中，突出了"以就业为导向、以岗位为依据、以能力为本位"的思想；注重职业能力的训练和个性培养，坚持学生知识、能力、素质协调发展，力求实现学生由"学会"向"会学"转变、教学过程"以教师为主"向"以学生为主"转变、理论和实践分开教学向二者融于工作过程转变。

本教材可作为中职高职水利工程、建筑工程、道路与桥梁等土木工程类专业的教材，也可作为相关专业工程技术人员的参考书。

## 图书在版编目（CIP）数据

钢筋工实训 / 温淑桥主编. -- 北京 : 中国水利水
电出版社，2014.12(2021.12重印)
国家中等职业教育改革发展示范校建设系列教材
ISBN 978-7-5170-2747-8

Ⅰ. ①钢… Ⅱ. ①温… Ⅲ. ①配筋工程－工程施工－中等专业学校－教材 Ⅳ. ①TU755.3

中国版本图书馆CIP数据核字(2014)第303562号

| 书　　名 | 国家中等职业教育改革发展示范校建设系列教材<br>**钢筋工实训** |
|---|---|
| 作　　者 | 主编　温淑桥　　副主编　徐锦<br>参编　蒲建雄　张晓霞　闫卫林 |
| 出版发行 | 中国水利水电出版社<br>（北京市海淀区玉渊潭南路1号D座　100038）<br>网址：www.waterpub.com.cn<br>E-mail：sales@waterpub.com.cn<br>电话：（010）68367658（营销中心） |
| 经　　售 | 北京科水图书销售中心（零售）<br>电话：（010）88383994、63202643、68545874<br>全国各地新华书店和相关出版物销售网点 |
| 排　　版 | 中国水利水电出版社微机排版中心 |
| 印　　刷 | 清淞永业（天津）印刷有限公司 |
| 规　　格 | 184mm×260mm　16开本　7印张　166千字 |
| 版　　次 | 2014年12月第1版　2021年12月第2次印刷 |
| 印　　数 | 3001—5000册 |
| 定　　价 | **25.00元** |

# 甘肃省水利水电学校教材编审委员会

# 前　言

　　本教材是示范院校国家级重点建设专业——水利水电工程技术专业课程改革成果之一。人才培养模式的改革是专业改革的重中之重，本专业的改革实施方案是借鉴德国的职业教育模式，结合中国国情，构建以工作过程为导向的人才培养方案。根据改革实施方案和课程改革的基本思想，通过分析钢筋工程施工的工作过程，结合岗位要求和职业标准，形成钢筋施工的行动领域，对原学科体系进行解构，按照钢筋工程施工的一个完整工作过程，把施工过程中所需要的知识、能力和素质，重构成《钢筋工实训》，涉及原学科体系中的《建筑材料》《水利工程施工》《水工钢筋工程施工》《建筑结构》《工程制图》等课程，该学习领域共72学时。

　　本教材注重结合水利工程建设行业的实际，体现水利工程建设行业的人才需求特点，学习了德国"双元制"职业培训教材的编写经验，重点突出基本知识和基本技能的培养及质量标准的熟悉，力求做到"简、实、新"。在内容编排上，以钢筋图识读、钢筋配料计算、钢筋现场检查验收与管理、钢筋代换、钢筋加工、钢筋连接、钢筋绑扎与安装、质量验收等为主线，构成了一个完整的工作过程。在编写过程中，突出了"以就业为导向、以岗位为依据、以能力为本位"的思想；体现两个育人主体、两个育人环境的本质特征，明确了在课堂、校内实训基地和校外实训基地的基本学时，依托仿真或真实的学习情景，配套了大量的工作页和学习页；注重职业能力的训练和个性培养，坚持学生知识、能力、素质协调发展，力求实现学生由"学会"向"会学"转变、教学过程"以教师为主"向"以学生为主"转变、理论和实践分开教学向二者融于工作过程转变。

　　本教材由甘肃省水利水电学校温淑桥任主编，甘肃省水利水电学校徐锦任副主编。全书共由5个项目构成，由以下人员完成编写：项目1由温淑桥编写；项目2由甘肃省水利水电学校蒲建雄编写；项目3由甘肃省水利水电学校张晓霞编写；项目4由徐锦编写；项目5由闵卫林编写。

　　本教材在编写过程中，得到了中国水利水电第四工程局高级工程师李贵兴、中国水利水电第二工程局高级工程师杨金龙、中国水利水电第四工程局高级工程师王福让、中国水利水电第四工程局高级工程师阎有江、中国水利水电第四工程局高级工程师王贤、中国水利水电第十一工程局高级工程师李晗、甘肃省水利水电勘测设计院高级工程师王振强、西北水电勘测设计院高级工程师韩瑞及甘肃省水利水电学校水工系各位老师的大力支持，同时还得到了甘肃建投七建集团公司和华成建设公司的积极参与和大力帮助，在此表示最诚挚的感谢。

本教材引用了大量的规范、专业文献和资料，恕未在书中一一注明。在此，对有关作者表示诚挚的谢意。

本教材的内容体系在国内属首次尝试，由于作者水平有限，构建有很多不妥之处，恳请广大师生和读者对书中存在的缺点和疏漏，提出批评指正，编者不胜感激。

**编者**

2014 年 10 月

# 目　　录

# 绪　　论

本课程的主要任务是面向水利水电工程技术专业、工业与民用建筑专业普及钢筋工程施工技术知识及动手操作技能，学习感受并传播土木工程文化，激发学生的专业兴趣，提高学生对建筑的理解和鉴赏；了解行业概况，学习水利职工职业道德，促进职业意识形成，为学生日后择业提供可以借鉴和参照的新思想和新观念。通过任务驱动项目教学，使学生了解钢筋工程施工的一般过程，掌握钢筋工程的施工工艺、施工要点、质量检验方法和常见质量问题及防治措施，在操作技能方面达到相关专业初级工的岗位水平，在管理方面达到施工员、质量员的水平，通过考试取得相关职业资格证书。

1. 实训目标

（1）熟悉结构施工图的基本规定，能识读建筑结构施工图。

（2）熟悉钢筋混凝土结构基本知识和常见钢筋混凝土构件中钢筋的类别及作用。

（3）熟悉钢筋基本知识，能对钢筋进行检验和保管。

（4）熟悉钢筋混凝土结构构件构造基本知识，掌握钢筋混凝土构件有关技术规定。

（5）掌握钢筋下料计算的基本方法，能编制钢筋下料单。

（6）掌握钢筋加工的方法及相应机械设备的使用。

（7）掌握钢筋绑扎的顺序和方法，能在现场对各种钢筋混凝土构件的钢筋进行绑扎。

（8）掌握钢筋工程施工质量验收规范和质量评定标准的内容以及常用的检测方法。

（9）掌握钢筋工程中常见的质量问题及其防治措施。

（10）掌握钢筋工种的有关安全技术操作要求，以实现"质量第一、安全第一"的目标。

（11）培养良好的人际交往、团队合作能力和服务意识。

（12）具有严谨的职业道德和科学态度。

2. 实训重点

（1）阅读钢筋混凝土构件配筋图，计算下料长度，编制钢筋配料单。

（2）钢筋进场检查验收与管理。

（3）钢筋配料与代换。

（4）钢筋加工。

（5）钢筋连接与安装。

3. 实训教学建议

水工钢筋工程施工技术实训课程的教学内容按项目制定。教师在水工钢筋工程施工技术课程教学时，按教学内容相应安排实训项目。按照水工及建筑行业规范、标准要求，采用与岗位能力相一致的教学手段，协助学生完成实训材料准备，然后通过四部教学法的几个基本阶段实施教学。教师要善于观察实训中的不足与安全隐患，并加以改进。在实训教学中要引导学生从工作过程中发现问题，有针对性地展开讨论，提高解决问题的能力。实训项目的活动在形式上应根据实训目标、内容、实训环境和实训条件的不同采取不同的教学模式，让学生多动手，实现做中学、学中做，以强化学生的实践动手能力。一次教学活动可以是 2 个学时，也可以是 4 个学时；实际教学时可以考虑利用一天时间，2 个学时理论教学，6 个学时的实践教学。

4. 实训条件及注意事项

（1）实训场地。按一个班教学，分组进行，钢筋图识读与下料计算在教室，其余项目在实训室。

（2）实训工具。钢筋、钢丝刷子、调直台、钢筋扳手、手绞车、钢筋调直机、断丝钳、手动切断机、机械切断机、粉笔、角尺、卷尺、小锤、钢筋弯曲机、铁丝、钢筋钩子、撬棍、扳子、绑扎架、计算器、手套、安全帽等。（钢筋调直机、机械切断机与钢筋弯曲机为钢筋加工机械）

（3）实训材料准备。根据不同实训项目，老师协助学生做好材料准备。

（4）工具和材料使用注意事项。

1）实训中应加强材料的管理，工具、机械的保养和维修。

2）钢筋质量要求要符合规范规定。

3）材料、工具的使用、运输、储存等施工过程中必须采取有效措施，防止损坏和污染环境。

4）常用工具操作结束应回收保管。

（5）学生操作纪律与安全注意事项。

1）穿实训服，衣服袖口有缩紧带或纽扣，不准穿拖鞋。

2）留辫子的同学必须把辫子扎在头顶。

3）作业过程必须戴手套，钢筋加工使用电动机械由教师旁边监督。

4）实训工作期间不得嘻哈打闹，不得随意玩弄工具。

5）认真阅读实训指导书，依据实训指导书的内容，明确实训任务。

6）实训期间要严格遵守工地规章制度和安全操作规程，进入实训场所必须戴安全帽，随时注意安全防止发生安全事故。

7）学生实训中要积极主动，遵守纪律，服从实习指导老师的工作安排，要虚心向工人师傅学习，脚踏实地，扎扎实实，深入实训操作，参加具体工作以培养实际工作能力。

8）遵守实训中心的各项规章制度和纪律。

9）每天写好实训日记、记录施工情况、心得体会、革新建议等。

10）实训结束前写好实训报告。

5. 实训安排

课程教学实训中，任课教师制定实训时间表，系部汇总调整，制定学期专业实训课程表，下发由任课教师执行。

综合实训项目时间编排，根据专业教学标准、实训条件、实训任务书、考核标准及内容由系部制定实训计划。各任课教师具体负责，系部协助进行实训前教育、动员，任课教师负责分组，实训中心管理人员负责现场设备、工具、材料准备，任课教师协助学生进行设备、工具的检查，按实训计划表进行训练。

（1）班级分组，每组约 6 人。

（2）学生进入实训中心，先在实训中心整理队伍，按小组站好，在实训记录册签字，小组长领安全帽、手套，并发放给各位同学。

（3）同学们戴好安全帽听实训指导教师讲解钢筋工程实训过程安排和安全注意事项。

（4）各小组同学按实训项目进行实训材料量的计算，填写领料单，领取材料堆放到相应工位。

（5）由实训指导教师协调设备运行，并负责安全。

（6）按四步法进行实训教学。

（7）全部实训分项操作结束，实训指导教师进行点评、成绩评定。

（8）每次（每天）实训结束后，同学们将实训项目全部拆除，重复使用材料清理归位。废料清理、操作现场清扫干净。

# 项目1  钢筋混凝土构件配筋图的阅读

## 1.1  实 训 目 的

（1）了解钢筋混凝土构件配筋图的作用、组成。

（2）熟悉钢筋混凝土构件配筋图的阅读方法。

## 1.2  实 训 任 务

提供基础、梁、柱、配筋图（见附录），要求学生识读。

## 1.3  实 训 准 备

（1）仪器、工具准备：计算器、三角尺、钢笔、铅笔、草稿纸。

（2）实训材料准备。实训每一小组（每一实训工位）需用材料：×××工程钢筋混凝土基础、柱、梁平面整体配筋图。

（3）知识准备。

### 1.3.1  概述

1. 结构施工图概念

结构施工图是根据建筑的要求，经过结构选型和构件布置以及力学计算，确定建筑各

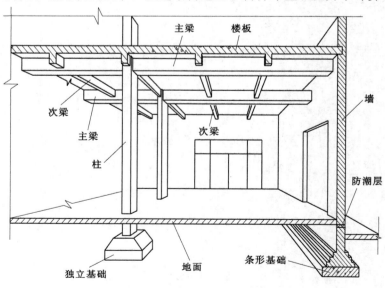

图1-1  砖混结构示意图

4

承重构件的形状、材料、大小和内部构造等，把这些构件的位置、形状、大小和连接方式绘制成图样，指导施工，这种图样称为结构施工图，图1-1所示为砖混结构示意图。

2. 结构施工图的作用

结构施工图主要用来作为施工放线、挖基槽、支模板、绑扎钢筋、设置预埋件、浇注混凝土，安装梁、板、柱等构件，以及编制预算和施工组织等的依据。并表达结构设计的内容，它是反映建筑物和承重构件（如基础、承重墙、柱、梁、板、屋架）的布置、形式、大小、材料、构造及其相互关系的图样。它还反映其他专业（如建筑、给排水、暖通、电气等）对结构的要求。

3. 结构施工图的主要内容

（1）结构设计说明，主要包括：

1）主要设计依据。

2）自然条件及使用条件。

3）施工要求。

4）材料的质量要求。

（2）结构布置平面图。

（3）构件详图。

规定结构施工图中将构件的名称用代号表示。

常用构件代号表示方法为用构件名称的汉语拼音字母中的第一字母表示，见表1-1。

表 1-1　　　　　　　　　常 用 构 件 代 号

| 序号 | 名称 | 代号 | 序号 | 名称 | 代号 | 序号 | 名称 | 代号 |
|---|---|---|---|---|---|---|---|---|
| 1 | 板 | B | 19 | 圈梁 | QL | 37 | 暗柱 | AZ |
| 2 | 屋面板 | WB | 20 | 过梁 | GL | 38 | 承台 | CT |
| 3 | 空心板 | KB | 21 | 连系梁 | LL | 39 | 基础 | J |
| 4 | 槽形板 | CB | 22 | 基础梁 | JL | 40 | 设备基础 | SJ |
| 5 | 折板 | ZB | 23 | 楼梯梁 | TL | 41 | 桩 | ZH |
| 6 | 密肋板 | MB | 24 | 框架梁 | KL | 42 | 挡土墙 | DQ |
| 7 | 楼梯板 | TB | 25 | 框支梁 | KZL | 43 | 地沟 | DG |
| 8 | 盖板或沟盖板 | GB | 26 | 屋面框架梁 | WKL | 44 | 柱间支撑 | ZC |
| 9 | 挡雨板或檐口板 | YB | 27 | 檩条 | LT | 45 | 垂直支撑 | CC |
| 10 | 吊车安全走道板 | DB | 28 | 屋架 | WJ | 46 | 水平支撑 | SC |
| 11 | 墙板 | QB | 29 | 托架 | TJ | 47 | 梯 | T |
| 12 | 天沟板 | TGB | 30 | 天窗架 | CJ | 48 | 雨篷 | YP |
| 13 | 梁 | L | 31 | 框架 | KJ | 49 | 阳台 | YT |
| 14 | 屋面梁 | WL | 32 | 刚架 | GJ | 50 | 梁垫 | LD |
| 15 | 吊车梁 | DL | 33 | 支架 | ZJ | 51 | 预埋件 | M |
| 16 | 单轨吊车梁 | DDL | 34 | 柱 | Z | 52 | 天窗端壁 | TD |
| 17 | 轨道连接 | DGL | 35 | 框架柱 | KZ | 53 | 钢筋网 | W |
| 18 | 车挡 | CD | 36 | 构造柱 | GZ | 54 | 钢筋骨架 | G |

4. 结构施工图的绘制方法

钢筋混凝土结构构件配筋图的表示方法有三种：

（1）详图法。它通过平、立、剖面图将各构件（梁、柱、墙等）的结构尺寸、配筋规格等"逼真"地表示出来。用详图法绘图的工作量非常大。

（2）梁柱表法。它采用表格填写方法将结构构件的结构尺寸和配筋规格用数字符号表达。此法比"详图法"要简单方便得多，手工绘图时，深受设计人员的欢迎。其不足之处是：同类构件的许多数据需多次填写，容易出现错漏，图纸数量多。

（3）结构施工图平面整体设计方法（以下简称"平法"）。它把结构构件的截面型式、尺寸及所配钢筋规格在构件的平面位置用数字和符号直接表示，再与相应的"结构设计总说明"和梁、柱、墙等构件的"构造通用图及说明"配合使用。平法的优点是图面简洁、清楚、直观性强，图纸数量少，设计和施工人员都很欢迎。

为了保证按平法设计的结构施工图实现全国统一，建设部已将平法的制图规则纳入国家建筑标准设计图集，详见《混凝土结构施工图平面整体表示方法制图规则和构造详图》（GJBT—51800G101）（以下简称《平法规则》）。

"详图法"能加强绘图基本功的训练；"梁柱表法"目前还在广泛应用；而"平法"则代表了一种发展方向。

5. 结构施工图识读的正确方法

先看结构设计说明；再读基础平面图、基础结构详图；然后读结构平面布置图、最后读构件详图、钢筋详图和钢筋表。各种图样之间不是孤立的，应互相联系进行阅读。

识读施工图时，应熟练运用投影关系、图例符号、尺寸标注及比例，以达到读懂整套结构施工图。

### 1.3.2 钢筋混凝土结构的基本知识

1. 钢筋混凝土构件和详图

（1）钢筋混凝土构件由钢筋和混凝土两种材料组成。

（2）混凝土抗压强度高，混凝土的抗压强度分为C15～C80共14个等级，数字越大，表示混凝土抗压强度越高。但混凝土的抗拉强度较低，容易受拉而断裂。

（3）钢筋混凝土构件：用钢筋混凝土制成的梁、板、柱、基础等构件称钢筋混凝土构件。

（4）钢筋混凝土结构：全部用钢筋混凝土构件承重的结构称为钢筋混凝土结构。

2. 构件受力状况

构件中没有加钢筋和加了钢筋的受力状况如图1-2和图1-3所示。

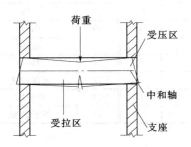

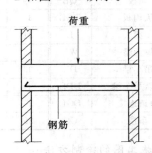

图1-2 构件中没有加钢筋受力状况　　　图1-3 构件中加了钢筋受力状况

3. 钢筋的名称和作用

梁、板、柱钢筋如图1-4所示。

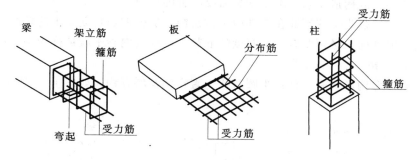

图1-4 梁、板、柱钢筋

（1）受力筋。构件中承受拉应力和压应力的钢筋。用于梁、板、柱等各种钢筋混凝土构件中。

（2）箍筋。构件中承受一部分斜拉应力（剪应力），并固定纵向钢筋的位置。用于梁和柱中。梁中箍筋的形式如图1-5所示。轴心受压柱纵向钢筋及箍筋配置示意图如图1-6所示。

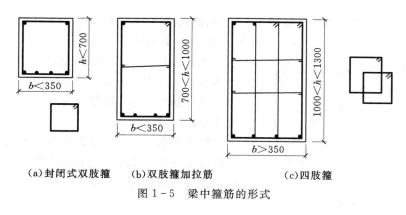

（a）封闭式双肢箍　（b）双肢箍加拉筋　（c）四肢箍

图1-5 梁中箍筋的形式

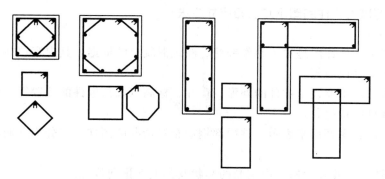

图1-6 轴心受压柱纵向钢筋及箍筋配置示意图

（3）架立筋。与梁内受力筋、箍筋一起构成钢筋的骨架。

（4）分布筋。与板内受力筋一起构成钢筋的骨架，垂直于受力筋。

（5）构造筋。因构造要求和施工安装需要配置的钢筋。

钢筋的保护层是为了使钢筋在构件中不被锈蚀，加强钢筋与混凝土的粘结力，在各种构件中的受力筋外面，必须要有一定厚度的混凝土，这层混凝土就被称为保护层。

4．钢筋的弯钩

（1）钢筋的弯钩形式有三种：半圆弯钩、直弯钩及斜弯钩，如图 1-7 所示。

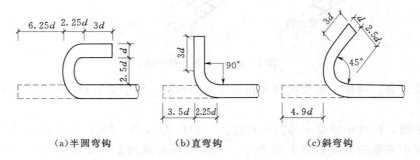

（a）半圆弯钩　　　（b）直弯钩　　　（c）斜弯钩

图 1-7　钢筋弯钩简图

光圆钢筋的弯钩增加长度按图 1-7 所示的简图（弯心直径为 2.5d、平直部分长度为 3d），计算：半圆弯钩为 6.25d，直弯钩为 3.5d，斜弯钩为 4.9d。

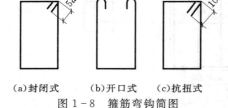

（a）封闭式　（b）开口式　（c）抗扭式

图 1-8　箍筋弯钩简图

例如：直径为 20mm 的钢筋半圆弯钩增加长度为 6.25×20＝125mm，一般取 130mm。

（2）箍筋弯钩：箍筋分为封闭式、开口式、抗扭式三种。

封闭式和开口式箍筋的弯钩的平直部分长度同半圆弯钩一般，取 5d。抗扭式箍筋弯钩的平直部分长度按设计确定，一般取 10d。

箍筋弯钩形式如图 1-8 所示。

### 1.3.3　钢筋混凝土构件的图示方法和尺寸注法

1．图示方法

钢筋混凝土构件详图是加工制作钢筋、浇筑混凝土的依据，其内容包括模板图、配筋图、钢筋表和文字说明等。

（1）模板图。主要表示构件的外形、尺寸、标高以及预埋件的位置等，作为制作、安装模板和预埋件的依据。

（2）配筋图：主要用来表示构件内部钢筋布置情况的图样。它分为立面图、断面图和钢筋详图。

1）立面图：主要表示构件内钢筋的形状及其上下排列位置。

2）断面图：主要表示构件内钢筋的上下和前后配置情况以及箍筋形状等。

3）钢筋详图：主要表示构件内钢筋的形状。

立面图、断面图、钢筋详图如图1-9~图1-11所示。

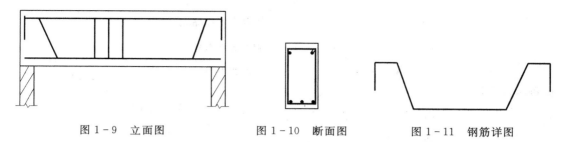

图1-9 立面图　　　　　　　图1-10 断面图　　　　　　图1-11 钢筋详图

钢筋混凝土构件详图图示的重点是钢筋及其配置，而不是构件的形状，为此，构件的可见轮廓线等以细实线绘制。

（3）钢筋表和文字说明：钢筋表是对构件所有钢筋进行列表汇总。文字说明是对构件设计进行说明。

2. 常用钢筋符号及标注

（1）常用钢筋符号。在结构施工图中，为了便于标注和识别钢筋，每一等级钢筋都用一个符号表示，如Ⅰ级钢筋用Φ表示，详见表1-2。

表1-2　　　　　　　　　　　　　钢 筋 的 级 别 和 符 号

| 级别 | 牌　　　号 | 新符号 | 钢筋表面形状 |
|---|---|---|---|
| Ⅰ | 3号钢（Q235-A：B：C：D） | Φ | 光圆 |
| Ⅱ | 16锰，16硅钛，15硅钒 | Φ | 人字纹 |
| Ⅲ | 25锰硅，25硅钛，20硅钒 | Φ | 人字纹 |
| Ⅳ | 44锰2硅，43硅2钛，40硅2钒，45锰硅钒 | Φ | 光圆或螺纹 |
| Ⅴ | 44锰2硅，45锰硅钒 | Φˡ | 光圆或螺纹 |
|  | 5号钢（Q275） | Φ | 螺纹 |
| Ⅰ | 冷拉3号钢 | Φˡ | 光圆 |
| Ⅱ | 冷拉Ⅱ级钢 | Φˡ | 人字纹 |
| Ⅲ | 冷拉Ⅲ级钢 | Φˡ | 人字纹 |
| Ⅳ | 冷拉Ⅳ级钢 | Φˡ | 光圆或螺纹 |
| Ⅴ | 冷拉5号钢 | Φˡ | 螺纹 |
|  | 冷拔低碳钢丝 | Φᵇ | 光圆 |

（2）钢筋尺寸标注。钢筋的直径、根数或相邻钢筋中心距一般采用引出线方式标注，其尺寸标注有下面两种形式：

1）标注钢筋的根数和直径，梁、柱内受力钢筋常采用此种标注方法。

如：4Φ20。

2）标注钢筋的种类、直径和相邻钢筋的中心距离，梁、柱内箍筋和板内钢筋常采用

此种标注方法

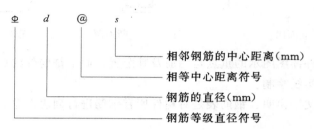

如：Φ 6 @ 200。

钢筋简图中的尺寸，受力筋的尺寸按外皮尺寸标注，箍筋的尺寸按内皮尺寸标注。

3. 常见钢筋图例

结构施工图的配筋图中，为了突出表示钢筋配置状况，假定混凝土是透明的，混凝土材料图例不画，钢筋用粗实线画出，钢筋的横断面用黑圆点表示，其余的图线用中实线或细实线画出。另外，在配筋图中，由于钢筋数量较多，为了防止混淆，还要标注钢筋的编号，同类型的钢筋可采用同一钢筋编号。编号应用阿拉伯数字顺次编写，并将数字注写在直径为 6mm 的细实线圆圈内，用引出线指到所编号的钢筋。钢筋在配筋图中的表示方法见表 1-3，钢筋的画法见表 1-4，钢筋焊接接头图例见表 1-5。

表 1-3            一般钢筋的表示方法

| 名　称 | 图　例 | 说　明 |
|---|---|---|
| 钢筋横断面 | ● | |
| 无弯钩的钢筋 |  | 下图表示长短钢筋投影重叠，45°斜线表示短钢筋端部 |
| 端部带半圆弯钩的钢筋 | | |
| 端部带直角钩的钢筋 | | |

表 1-4            钢筋的画法

| 名　称 | 图　例 | 说　明 |
|---|---|---|
| 平面图中的双层钢筋 | 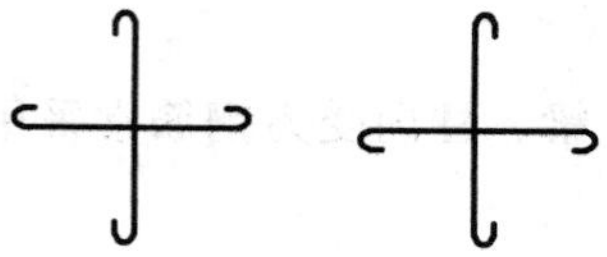 | 底层钢筋弯钩向上或向左 |

10

| 名　称 | 图　例 | 说　明 |
|---|---|---|
| 墙体中的钢筋立面图 | 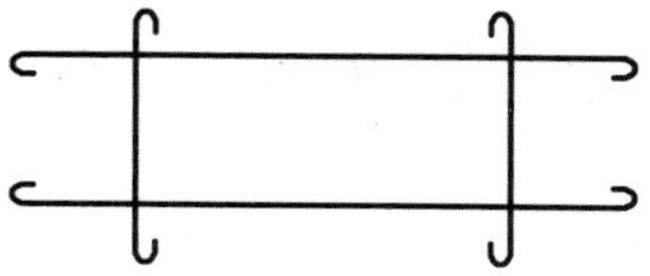 | 近面钢筋弯钩向下或向右 |
| 一般钢筋大样图 | 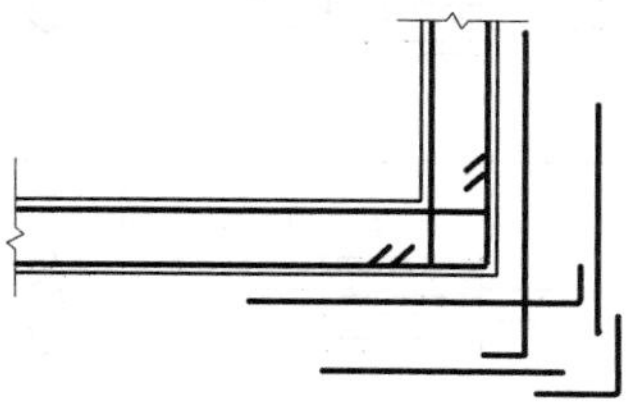 | 断面图中钢筋重影时<br>在断面图外面增加样图 |
| 箍筋大样图 | 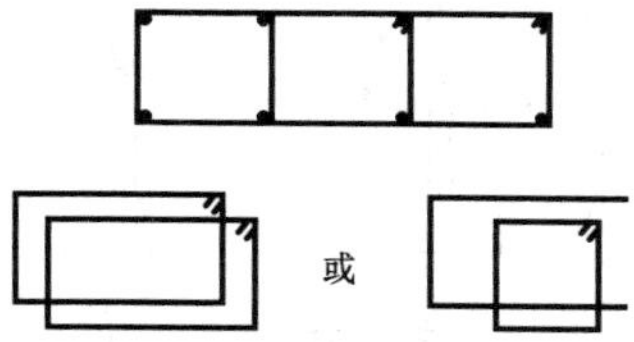 或 | 箍筋或环筋复杂时须画其大样图 |
| 平面图或立面图中<br>布置相同钢筋的起止范围 | 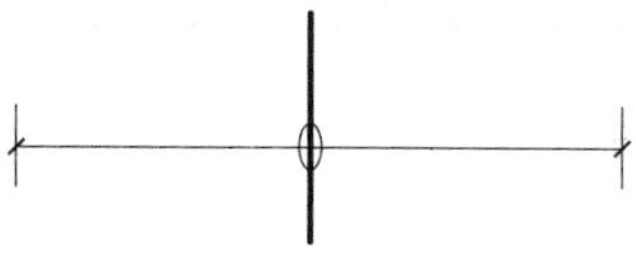 | |

表 1-5　　　　　　　　　　钢筋焊接接头图例

| 名　称 | 接头形式 | 标注方法 |
|---|---|---|
| 接触对焊的钢筋接头 | 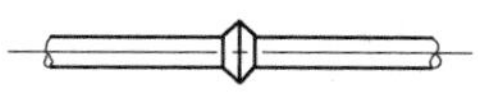 | 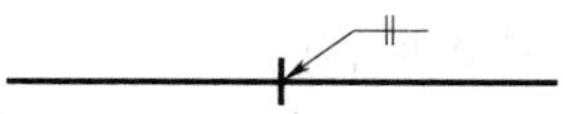 |
| 坡口平焊的钢筋接头 | 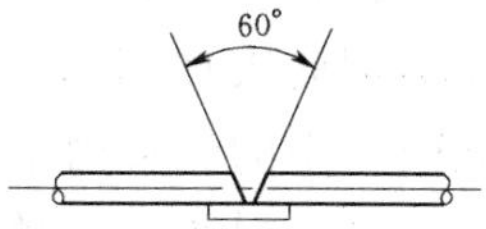 60° | 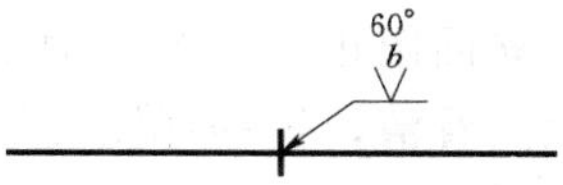 60°<br>b |
| 单面焊接的钢筋接头 | 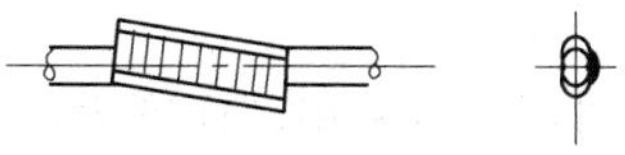 | 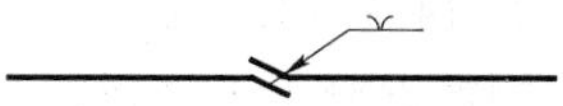 |

| 名　称 | 接头形式 | 标注方法 |
|---|---|---|
| 双面焊接的钢筋接头 | 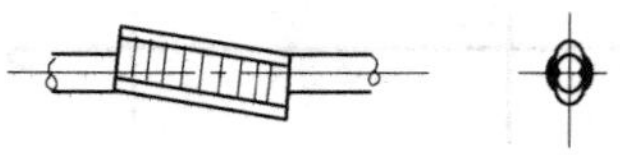 | 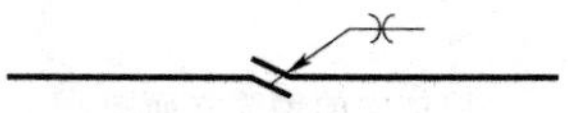 |
| 用帮条单面焊接的钢筋接头 | 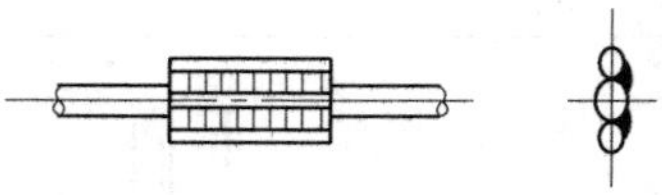 |  |
| 用帮条双面焊接的钢筋接头 | 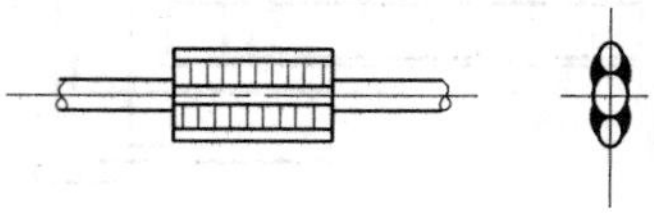 | 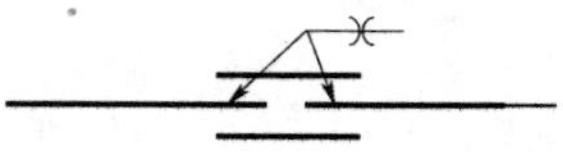 |
| 坡口立焊的钢筋接头 | 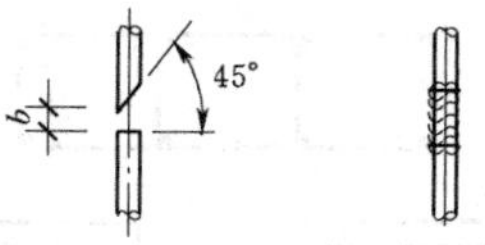 | 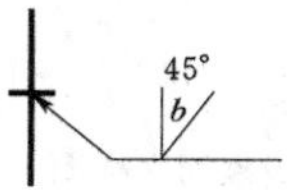 |
| 用角钢或扁钢做连接板焊接的钢筋接头 | 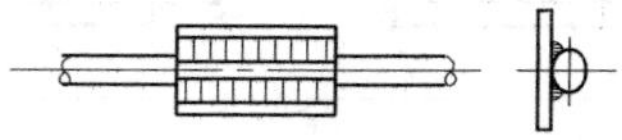 | 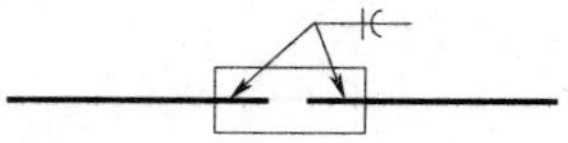 |

### 1.3.4 阅读钢筋混凝土构件详图

1. 钢筋混凝土梁

梁是钢筋混凝土构件中的受弯构件，建筑中有过梁、圈梁、楼板梁、楼梯梁、雨篷梁等。从支承方式上分有两端搁置的简支梁，有一端搁置、一端悬空的悬臂梁，有多处搁置多跨的连续梁。

钢筋混凝土梁一般用立面图和断面图来表示梁的外形尺寸和钢筋配置，图1-12、图1-13所示为钢筋混凝土简支梁结构详图示例。

读图回答问题：

（1）梁的断面形状、尺寸如何？

（2）配有几种规格的钢筋，其等级、直径、数量分别是多少？

立面图正下方配有钢筋详图（又称钢筋大样图），为了避免由于配筋复杂、钢筋重叠而无法看清，钢筋详图按照钢筋在立面图中的位置由下而上，用同一比例在下方并与相应钢筋对齐，同时还注明了每种钢筋的编号、根数、直径、各段长度及弯起尺寸等。

为了便于编造施工预算，统计用料，对配筋复杂的梁还要列出钢筋表。

2. 钢筋混凝土现浇板

钢筋混凝土现浇板的结构详图，一般采用剖面图表示，当钢筋混凝土现浇板的配筋比较简单时，也可把板的配筋直接在结构平面图上表示。在现浇板配筋图中，每种规格的钢

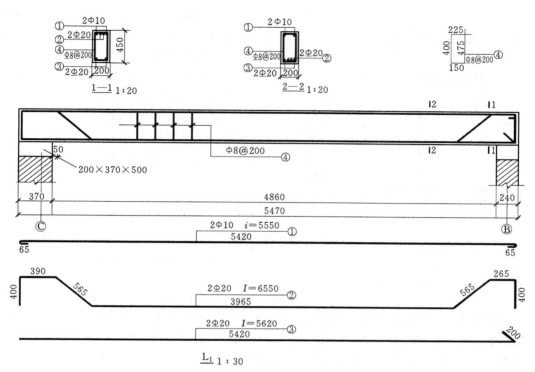

图 1-12  钢筋混凝土梁的结构详图（一）

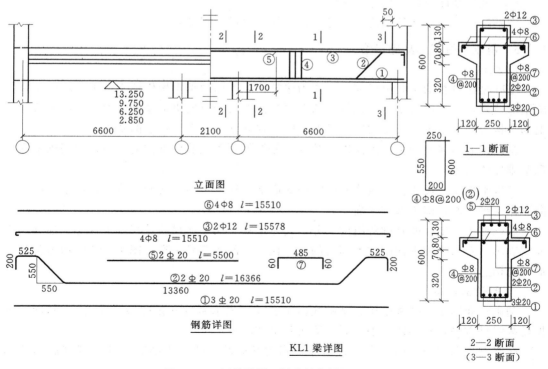

立面图

钢筋详图

KL1 梁详图

图 1-13  钢筋混凝土梁的结构详图（二）

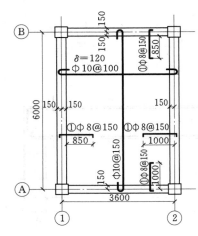

图 1-14 钢筋混凝土现浇板的
结构详图
注：未注明分布筋为 $\phi 8@250$，
温度筋为 $\phi 8@200$。

筋只画 1 根，按其原有的立面形状画在钢筋所处的位置上。与受力钢筋垂直的分布构造钢筋不必画出，但应画在钢筋表中或用文字加以说明。

负筋对称布置时，可采用无尺寸线标注，负筋的总长度直接注写在钢筋下面；负筋非对称布置时，可在梁两边分别标注负筋的长度（长度从梁中计起）；端跨的负筋无尺寸线时直接标注的是总长度；以上钢筋长度均不包括直弯钩长。图 1-14 所示为钢筋混凝土现浇板的结构详图示例。

读图回答问题：

（1）板的形状、尺寸如何？如何区分板的底部钢筋和上部钢筋？

（2）配有几种规格的钢筋，其等级、直径、数量分别是多少？

### 3. 钢筋混凝土柱的配筋图

柱是承受压力或压力和弯矩共同作用的结构构件。钢筋混凝土柱构件详图与钢筋混凝土梁基本相同，对于比较复杂的钢筋混凝土柱，除画出钢筋立面图和断面图外，还需画出模板图。图 1-15 所示为钢筋混凝土柱的结构详图示例。

读图回答问题：

（1）柱的断面形状、尺寸如何？

（2）配有几种规格的钢筋，其等级、直径、数量分别是多少？

## 1.3.5 基础平面图与基础详图

### 1. 概述

基础是建筑物的主要组成部分，作为建筑物最下部的承重构件埋于地下，承受建筑物的全部荷载，并传递给基础，建筑物的上部结构形式相应地决定基础的形式。如建筑物的上部结构为砖墙承重，就采用墙下条形基础；独立柱基础作为柱子的基础。

基础图表示建筑物室内地面以下基础部分的平面布置及详细构造，通常用基础平面图和基础详图表示。

基础平面图。假想在建筑物底层室内地面下方作一水平剖切面，将剖切面下方的构件向下作水平投影，即为基础平面图。

基础详图主要表明基础各组成部分的具体形状、大小、材料及基础埋深等。通常用断面图表示，并与基础平面图中被剖切的相应代号及剖切符号一致。图 1-16 所示为基础的形式与构造图。

### 2. 阅读基础图

基础平面图中只画基础墙、基础底面轮廓线（表示基坑开挖的最小宽度）。基础的可见轮廓线可省略，其具体的细部形状等用基础详图表示。

在基础平面图中，用中实线表示剖切到的基础墙身线，用细实线表示基础底面轮廓

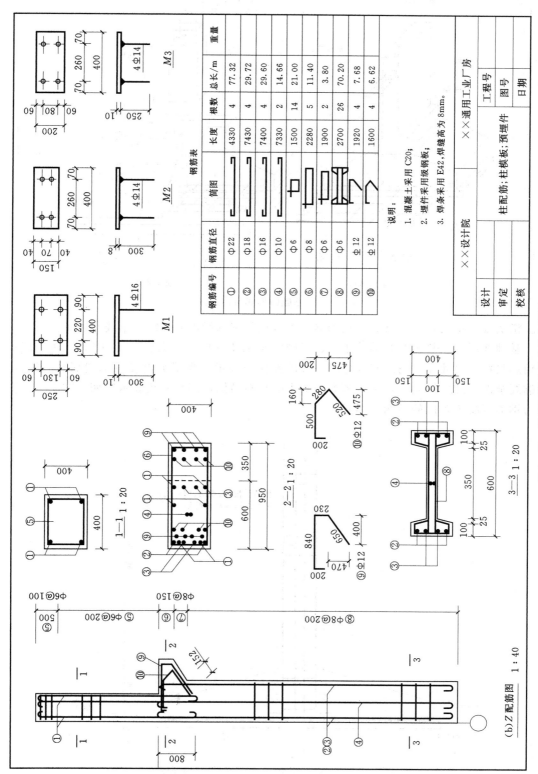

图1-15　钢筋混凝土柱的结构详图

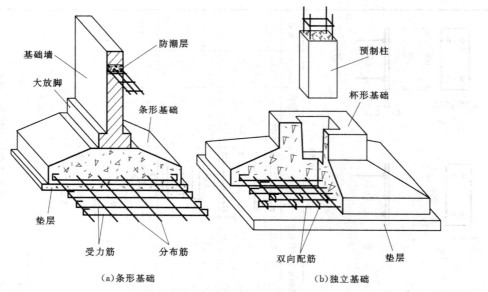

（a）条形基础　　　　　　　　　　　　　　（b）独立基础

图1-16　基础的形式与构造图

线。粗实线（单线）表示可见的基础梁；不可见的基础梁用粗虚线（单线）表示。

　　基础详图中一般包括基础的垫层、基础、基础墙（包括放大脚）、基础梁、防潮层等所用的材料、尺寸及配筋。基础详图一般用断面图表示，为了突出表示基础钢筋的配置，轮廓线全部用细实线表示，不画钢筋混凝土的材料图例，用粗实线表示钢筋。图1-17所示为钢筋混凝土基础的结构详图示例。

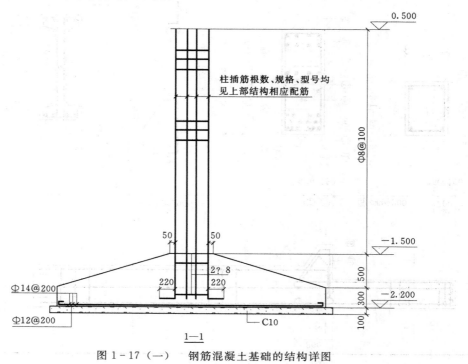

1—1

图1-17（一）　钢筋混凝土基础的结构详图

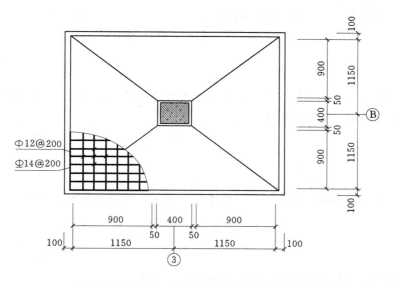

图 1-17（二）　钢筋混凝土基础的结构详图

读图回答问题：

（1）基础的形状、尺寸如何？如何区分板的底部钢筋和上部钢筋？

（2）配有几种规格的钢筋，其等级、直径、数量分别是多少？

# 1.4　实训作业及评分标准

## 1.4.1　问题讨论

5～6 人一组，认真阅读相关知识，讨论完成下列作业，选出代表，回答问题，教师进行讲评。

（1）什么是结构施工图？其作用是什么？

（2）结构施工图的主要内容包括哪些？常用构件代号如何表示？试举 5～10 例说明。

（3）钢筋混凝土结构构件配筋图的表示方法有哪几种？各有何特点？

（4）试说明结构施工图识读的正确方法。

（5）什么是钢筋混凝土构件？什么是钢筋混凝土结构？钢筋混凝土构件中配置的钢筋按作用分有哪些类型？各有何作用？

（6）钢筋的弯钩形式有哪几种？一般光圆钢筋的弯钩增加长度是多少？

（7）钢筋混凝土构件配筋图一般包括哪些？有何用途？

（8）在结构施工图中，Ⅰ级、Ⅱ级、Ⅲ级钢筋如何表示？钢筋尺寸如何标注？

（9）结构施工图的配筋图中钢筋如何表示？

（10）建筑中有哪些钢筋混凝土梁？详图法一般如何表示钢筋混凝土构件梁的配筋图？读图1-12和图1-13并回答相应问题。

（11）结构施工图详图法一般如何表示钢筋混凝土构件板的配筋图？读图1-14并回答相应问题。

（12）结构施工图详图法一般如何表示钢筋混凝土构件柱的配筋图？读图1-15并回

答相应问题。

（13）结构施工图详图法一般如何表示钢筋混凝土构件基础的配筋图？读图 1-17 并回答相应问题。

### 1.4.2 填写表格

5～6 人一组，识读附录所示结构图，完成表 1-6～表 1-9。

（1）识读柱配筋图，填写表 1-6。

表 1-6                               柱 配 筋 表

| 截面形状和尺寸 | 配 置 钢 筋 | 个 数 |
|---|---|---|
|  |  |  |
|  |  |  |

（2）识读梁配筋图，填写表 1-7。

表 1-7                               梁 配 筋 表

| 序号 | 梁编号 | 形状和尺寸 | 配 置 钢 筋 | 个 数 |
|---|---|---|---|---|
|  |  |  |  |  |
|  |  |  |  |  |

（3）识读基础配筋图，填写表 1-8。

表 1-8　基 础 配 筋 表

| 序号 | 基础编号 | 形状和尺寸 | 配置钢筋 | 个数 |
|---|---|---|---|---|
|  |  |  |  |  |
|  |  |  |  |  |

## 1.4.3　评分标准

评分标准见表 1-9。

表 1-9　评 分 标 准 表

| 项次 | 项目 | 检查方法 | 评分标准 | 应得分 | 实得分 |
|---|---|---|---|---|---|
| 1 | 理论作业 | 通过回答问题互相评比 | 视回答问题时的声音、口齿、仪态等表现及正确度酌情扣分 | 40 |  |
| 2 | 填表结果 | 互相检查对比 | 视图表成果酌情扣分 | 30 |  |
| 3 | 团结协作、积极参与 | 目测 |  | 10 |  |
| 4 | 文明操作 | 目测 |  | 10 |  |
| 5 | 综合印象 | 目测 |  | 10 |  |

# 项目2　钢筋混凝土构件钢筋下料长度计算

## 2.1　实　训　目　的

（1）了解钢筋混凝土构件配筋下料计算的作用。
（2）熟悉钢筋混凝土构件钢筋的下料计算方法。
（3）熟悉钢筋混凝土构件钢筋配料单的编制。

## 2.2　实　训　任　务

提供基础、梁、柱配筋图（见附录），要求学生计算各种构件所配置的钢筋的下料长度。

## 2.3　实　训　准　备

### 2.3.1　仪器、工具准备

计算器、三角尺、钢笔、铅笔、草稿纸。

### 2.3.2　实训材料准备

实训每一小组（每一实训工位）需用材料：×××工程钢筋混凝土基础、柱、梁平面整体配筋图。

### 2.3.3　知识准备

#### 2.3.3.1　钢筋下料计算的基本知识

2.3.3.1.1　单位工程钢筋用量含义

单位工程钢筋用量有三种含义：①钢筋定额用量；②钢筋预算用量；③钢筋配置用量。

（1）钢筋定额用量。以土建定额每个钢筋混凝土项目所规定的钢筋用量，通过工料分析计算汇总求得的单位工程钢筋总量。其中包括了定额规定的操作损耗，它主要是作为调整定额钢筋量的基础数据。

（2）钢筋预算用量。根据设计图纸、施工验收规范的要求，以及土建定额规定的操作损耗计算汇总求得单位工程钢筋总用量，它和定额用量内容、口径一致，是调整定额钢筋含量的依据。

预算用量＝图纸计算量×（1＋损耗率）。

计算钢筋预算用量的用途：

1）与定额用量比较，看是否超过±3%。

2）计算成型钢筋场外运输费用。

3）成型钢筋的运输量包括现浇构件和现场预制构件中的钢筋。

（3）钢筋配置用量。施工单位根据设计图纸要求和施工技术措施，制定提出的钢筋加工下料总用量，其中包括了钢筋弯曲延伸率和短料利用以及备用钢筋等因素，是施工单位内部生产管理的计划数据，用于指导钢筋工程的备料。钢筋工程的备料是根据施工需要进行钢筋材料的准备工作。在这些工作中，首先要确定结构各构件中钢筋的实际需要长度，这就是钢筋的下料长度计算；其次要根据钢筋的需求量，购买合适的钢筋材料，这就是钢筋的配料。在钢筋配料中，一定要尽量减少钢筋的损耗。如一根定尺长为9m的钢筋，如果需要截为几段，最好使各段下料长度之和为9m，即全部用完。钢筋在实际使用中难免会有一定的余量，形成损耗，要使损耗最小，就要对使用的需求心中有数，统筹安排。

#### 2.3.3.1.2 钢筋的配料

钢筋配料是根据结构施工图，先绘出各种形状和规格的单根钢筋简图并加以编号，然后分别计算钢筋下料长度、根数及质量，填写配料单，作为钢筋备料加工的依据。

**1. 钢筋配料单的编制**

（1）熟悉图纸。编制钢筋配料单之前必须熟悉图纸，把结构施工图中钢筋的品种、规格列成钢筋明细表，并读出钢筋设计尺寸。

（2）计算钢筋的下料长度。

（3）填写和编写钢筋配料单。根据钢筋下料长度，汇总编制钢筋配料单。在配料单中，要反映出工程名称、钢筋编号、钢筋简图和尺寸、钢筋直径、数量、下料长度、质量等。钢筋配料单见表2-1。

表 2-1　　　　　　　　　　　　　　钢 筋 配 料 单

| 构件名称 | 钢筋编号 | 简图 | 钢号 | 直径/mm | 下料长度/mm | 单位根数 | 合计根数 | 总长/m | 总重/kg |
|---|---|---|---|---|---|---|---|---|---|
|  |  |  |  |  |  |  |  |  |  |
|  |  |  |  |  |  |  |  |  |  |

（4）填写钢筋料牌。根据钢筋配料单，将每一编号的钢筋制作一块料牌，作为钢筋加工的依据，如图2-1所示。

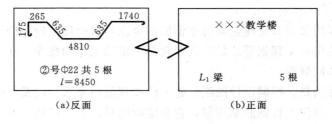

（a）反面　　　　　　　　　（b）正面

图 2-1　钢筋料牌

**2. 钢筋下料长度的计算原则及规定**

（1）钢筋长度。结构施工图中所指钢筋（箍筋除外）长度是钢筋外缘之间的长度，即外包尺寸，这是施工中量度钢筋长度的基本依据。钢筋加工时，一般按钢筋外包尺寸进行验收。钢筋加工前直线下料，如果下料长度按钢筋外包尺寸的总和来计算，则加工后的钢筋尺寸将大于设计要求的外包尺寸，或者由于弯钩平直段太长而造成钢筋的浪费。这是由于钢筋弯曲时外皮伸长，内皮缩短，只有中轴线长度不变。所以说，按外包尺寸总和下料是不准确的，只有按钢筋轴线长度尺寸下料加工，才能使加工后的钢筋形状、尺寸符合设计要求。因此钢筋因弯曲或弯钩会使其长度变化，在配料中不能直接根据图纸中尺寸下料。设计尺寸标注法与钢筋中心线的关系，如图 2-2 所示。

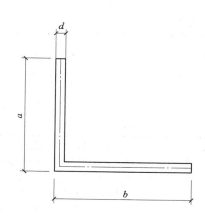

图 2-2 设计尺寸标注法与钢筋
中心线的关系

（2）基本计算公式。

几种常用钢筋下料长度的基本计算公式如下：

直钢筋下料长度＝构件长度－保护层厚度＋弯钩增加长度

弯起钢筋下料长度＝直段长度＋斜段长度－弯曲调整值＋弯钩增加长度

箍筋下料长度＝箍筋周长＋箍筋调整值

箍筋下料长度＝箍筋周长－弯曲调整值＋弯钩增加长度

若钢筋有搭接，还应增加钢筋搭接长度。

（3）混凝土保护层厚度。混凝土保护层是指受力钢筋外缘至混凝土构件表面的距离，其作用是保护钢筋在混凝土结构中不受锈蚀，是混凝土结构耐久性的重要保障措施之一。

《水工混凝土结构设计规范》（SL 191—2008）指出：水工混凝土结构应根据所处的环境条件满足相应的耐久性要求，并将水工混凝土结构所处的环境条件划分为五个类别，见表 2-2。

表 2-2　　　　　　　　　　水工混凝土结构所处的环境类别

| 环境类别 | 环 境 条 件 |
| --- | --- |
| 一 | 室内正常环境 |
| 二 | 室内潮湿环境、露天环境、长期处于水下或地下的环境 |
| 三 | 淡水水位变化区、有轻度化学侵蚀性地下水的地下环境、海水水下区 |
| 四 | 海上大气区、轻度盐雾作用区、海水水位变化区、中度化学侵蚀性环境 |
| 五 | 使用除冰盐的环境、海水浪溅区、重度盐雾作用区、严重化学侵蚀性环境 |

注　1. 海上大气区与浪溅区的分界线为设计最高水位再加 1.5m；浪溅区与水位变化区的分界线为设计最高水位减 1.0m；水位变化区与水下区的分界线为设计最低水位减去 1.0m；重度盐雾作用区为离涨潮线 50m 内的陆上室外环境；轻度盐雾作用区为离涨潮岸线 50～100m 内的陆上室外环境。

　　2. 冰融比较严重的二类、三类环境条件下的建筑物，可将环境类别提高为三类、四类。

　　3. 化学侵蚀性程度的分类见《水工混凝土结构设计规范》（SL 191—2008）中表 3.3.9。

该规范对各类构件混凝土保护层厚度的取值，作了如下规定：

1）纵向受力钢筋保护层厚度（从钢筋边缘算起）不应小于钢筋直径及表 2-3 所列的数值，同时不应小于粗骨料最大粒径的 1.25 倍。

| 表 2-3 | | | 混凝土保护层最小厚度 | | | | 单位：mm |
|---|---|---|---|---|---|---|---|
| 序号 | 构件类别 | 环境类别 | | | | | |
| | | 一 | 二 | 三 | 四 | 五 | |
| 1 | 板、墙 | 20 | 25 | 30 | 45 | 50 | |
| 2 | 梁、柱、墩 | 30 | 35 | 45 | 55 | 60 | |
| 3 | 截面厚度不小于 2.5m 的底板及墩墙 | — | 40 | 50 | 60 | 65 | |

注 1. 直接与地基接触的结构底层钢筋或无检修条件的结构，保护层厚度应适当增大。
2. 有抗冲耐磨要求的结构面层钢筋，保护层厚度应适当增大。
3. 混凝土强度等级不低于 C30 且浇筑质量有保证的预制构件或薄板，保护层厚度可按表中数值减小 5mm。
4. 钢筋表面涂塑或结构外表面敷设永久性涂料或面层时，保护层厚度可适当减小。
5. 严寒和寒冷地区受冰冻部位，保护层厚度还应符合《水工建筑物抗冰冻设计规范》（SL 211—2006）的规定。

2）板、墙、壳中分布钢筋的混凝土保护层厚度不应小于表 2-3 中值减 10mm，且不应小于 10mm，梁、柱中箍筋和构造钢筋的保护层厚度不应小于 15mm；钢筋端头保护层厚度不应小于 15mm。

3）当梁、柱中纵向受力钢筋的保护层厚度大于 40mm 时，宜对保护层采取有效地防裂构造措施。

处于二～五类环境中的悬臂板，其上表面应采取有效地保护措施。

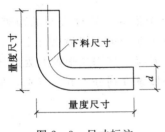

图 2-3　尺寸标注

4）对有防火要求的建筑物，其混凝土保护层厚度尚应符合有关规范的要求。

混凝土的保护层厚度，一般用水泥砂浆垫块或塑料卡垫在钢筋与模板之间来控制。塑料卡的形状有塑料垫块和塑料环圈两种。塑料垫块用于水平构件，塑料环圈用于垂直构件。

（4）弯曲调整值。钢筋弯曲后，弯曲处内皮收缩、外皮延伸、轴线长度不变，弯曲处形成圆弧，弯起后尺寸大于下料尺寸。钢筋的量度方法是沿直线量外包尺寸，如图 2-3 所示，因此，弯起钢筋的量度尺寸大于下料尺寸，两者之间的差值称为弯曲调整值。在计算下料长度时必须加以扣除。弯曲调整值应根据理论推算并结合实践经验取值，弯曲调整值见表 2-4。钢筋弯曲形式如图 2-4 所示。

| 表 2-4 | | 钢 筋 弯 曲 调 整 值 | | | |
|---|---|---|---|---|---|
| 钢筋弯曲角度/(°) | 30 | 45 | 60 | 90 | 135 |
| 钢筋弯曲调整值 | $0.35d$ | $0.5d$ | $0.85d$ | $2d$ | $2.5d$ |

注　$d$ 为钢筋直径。

（5）钢筋弯钩增加值。根据钢筋混凝土工程施工及验收规范对钢筋锚固弯钩及弯折的规定，在计算钢筋弯钩增加长度时，可按如下方法计算。

1）下列情况下，钢筋可不做弯钩：

a. 螺纹、人字纹等变形钢筋；

b. 焊接骨架和焊接网中的光面钢筋；

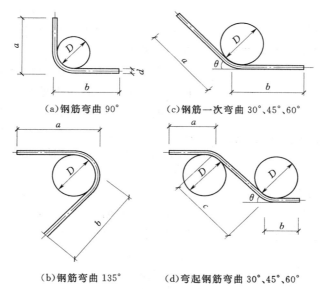

(a)钢筋弯曲 90°　　(c)钢筋一次弯曲 30°、45°、60°

(b)钢筋弯曲 135°　　(d)弯起钢筋弯曲 30°、45°、60°

图 2-4　钢筋弯曲形式

　　c. 绑扎骨架中的受压的光面钢筋；

　　d. 梁、柱中的附加钢筋及梁的架立钢筋；

　　e. 板的分布钢筋。

2）弯钩形式，一般有 90°直钩、135°斜钩、180°半圆钩。弯钩形式如图 2-5 所示。

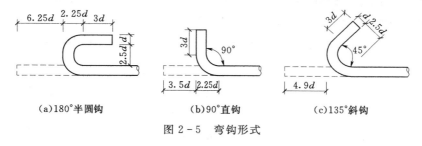

(a)180°半圆钩　　　　(b)90°直钩　　　　(c)135°斜钩

图 2-5　弯钩形式

3）弯钩增加长度（$l_z$）。

各弯钩增加长度 $l_z$ 的计算公式为：

180°弯钩　　　　　　　　$l_z = 1.071D + 0.571d + l_p$

90°钩　　　　　　　　　　$l_z = 0.285D - 0.215d + l_p$

135°钩　　　　　　　　　　$l_z = 0.678D + 0.178d + l_p$

式中　$D$——弯钩的内直径（亦称弯钩直径或弯心直径），mm，对 HPB235 级钢筋取 2.5$d$，对 HRB335 级钢筋取 4$d$，对 HRB400 级、RRB400 级钢筋取 5$d$。

　　　$d$——钢筋直径，mm。

　　　$l_p$——弯钩的平直部分长度，mm。

钢筋弯钩计算如图 2-6 所示。光圆钢筋末端应做半圆弯钩。当用人工弯钩时，为保证 180°弯曲，可带有适当长度的平直部分；用机械弯钩时，可省去平直部分。一般斜弯

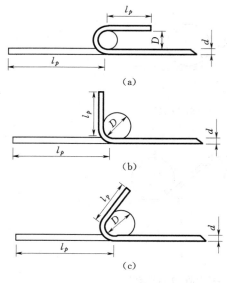

图 2-6　钢筋弯钩计算

钩仅用在Φ12mm以下的受拉主筋和箍筋中；直弯钩只用于板中小规格钢筋、柱钢筋的下部及支座中的构造钢筋。

在生产实践中，由于实际弯曲直径与理论弯曲直径有时不一致，钢筋粗细和机具条件不同等会影响平直部分的长短（手工弯钩时平直部分可适当加长，机械弯钩时可适当缩短），因此，在实际配料计算时，对弯钩增加长度常根据具体条件，采用经验数据。

当设计要求钢筋末端需作 135°弯钩时，HRB335、HRB400 钢筋的弯弧内直径不应小于钢筋直径的 4 倍，弯钩的弯后平直部分长度应符合设计要求。

钢筋作不大于 90°的弯折时，弯折处的弯弧内直径不应小于钢筋直径的 5 倍。

对采用 HPB235 级钢筋（光圆钢筋），按弯曲直径 $D=2.5d$，平直部分长度 $l_p=3d$ 考虑，半圆弯钩增加长度为 $6.25d$（手工弯钩）或 $5d$（机械弯钩），直弯钩增加长度为 $3.5d$，斜弯钩增加长度为 $4.9d$；直弯钩按 $l_p=5d$ 考虑，其弯钩增加长度为 $5.5d$；斜弯钩按 $l_p=10d$ 考虑，其弯钩增加长度为 $12d$。

（6）箍筋调整值。箍筋的加工应按设计要求的形式进行，当设计没有具体要求时，可使用光圆钢筋制成的箍筋，其末端应有弯钩，弯钩形式如图 2-7 所示。

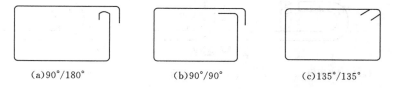

(a)90°/180°　　　　(b)90°/90°　　　　(c)135°/135°

图 2-7　箍筋弯钩示意图

用光圆钢筋或冷拔低碳钢丝制作的箍筋，其弯钩的弯曲直径应大于受力钢筋的直径，且不小于箍筋直径的 2.5 倍；弯钩平直部分的长度，对一般结构，不宜小于箍筋直径的 5 倍，对有抗震要求的结构，应不小于箍筋直径的 10 倍。

对有抗震要求的受扭的结构，可按图 2-5（c）的弯钩形式加工；对大型梁、柱，当箍筋直径不小于 12mm 时，弯钩也宜做成图 2-5（c）的形状。

常用规格箍筋弯钩增加长度（两个弯钩的）可参考以下方法取值：

1）一般结构。弯钩形式为"90°/90°"时，取 $15d$（$d$ 为箍筋直径，下同）；弯钩形式为"90°/180°"时，取 $17d$。

2）抗震结构。弯钩形式为"135°/135°"，取 $28d$。

为了箍筋计算方便，一般将箍筋弯钩增长值和量度差值两项合并成一项为箍筋调整值，见表 2-5。计算时，将箍筋外包尺寸或内皮尺寸加上箍筋调整值即为箍筋下料长度。

箍筋量度方法如图 2-8 所示。

表 2-5 箍 筋 调 整 值

| 受力钢筋直径 /mm | 箍筋量度方法 | 箍筋直径/mm | | | | |
|---|---|---|---|---|---|---|
| | | 5 | 6 | 8 | 10 | 12 |
| 10～25 | 量外包尺寸 | 50 | 60 | 70 | 80 | 90 |
| | 量内包尺寸 | 100 | 120 | 140 | 160 | 180 |
| 28～32 | 量外包尺寸 | | 80 | 90 | 100 | 110 |
| | 量内包尺寸 | | 160 | 180 | 200 | 220 |

（7）弯起钢筋斜长的确定。钢筋混凝土构件中，弯起钢筋的弯起角度一般 30°、45° 和 60°，弯起角度大小由设计确定，弯起钢筋形式如图 2-9 所示。弯起钢筋的斜长部分可由直角三角形三条边长之间的固定关系来计算，弯起钢筋的斜长系数见表 2-6。

3. 钢筋下料计算注意事项

（1）在设计图纸中，钢筋配置的细节问题没有注明时，一般按构造要求处理。

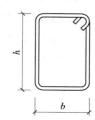

（a）量外皮尺寸 （b）量内皮尺寸

图 2-8 箍筋量度方法
（a）量外皮尺寸；（b）量内皮尺寸

表 2-6 弯 起 钢 筋 斜 长 系 数

| 钢筋弯起角度/(°) | 30 | 45 | 60 |
|---|---|---|---|
| 斜边长 $S$ | $2h_0$ | $1.414h_0$ | $1.15h_0$ |
| 底边长 $L$ | $1.732h$ | $h$ | $0.575h$ |

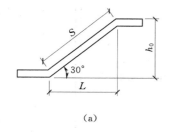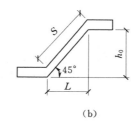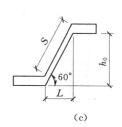

（a） （b） （c）

图 2-9 弯起钢筋型式

（2）配料计算时，要考虑钢筋的形状和尺寸，在满足设计要求的前提下，要有利于加工。

（3）配料时，还要考虑施工需要的附加钢筋。

**2.3.3.2 钢筋下料计算的基本方法**

2.3.3.2.1 钢筋下料计算主要应考虑的因素

钢筋下料计算主要应考虑因素有：

（1）构件的高度或长度。

（2）保护层厚度。

（3）钢筋的搭接长度。

（4）钢筋的锚固长度。

（5）钢筋的弯钩长度。

（6）钢筋的弯曲调整值。

### 2.3.3.2.2　钢筋长度的计算

1. 框架柱钢筋的计算

（1）纵向受力钢筋长度的计算。

1）纵向受力钢筋的构造要求。

a. 纵向受力钢筋伸入基础内有一水平段 $L_0$，保护层厚度为 $b$。

b. 钢筋在离楼面 $L_c$ 的位置搭接，搭接长度为 $L_d$。

c. Ⅰ级钢筋末端带半圆弯钩，弯钩长度 $6.25d$，Ⅱ级及以上级别钢筋末端不带弯钩。

2）计算。纵向受力钢筋的计算简图如图 2-10 和图 2-11 所示。

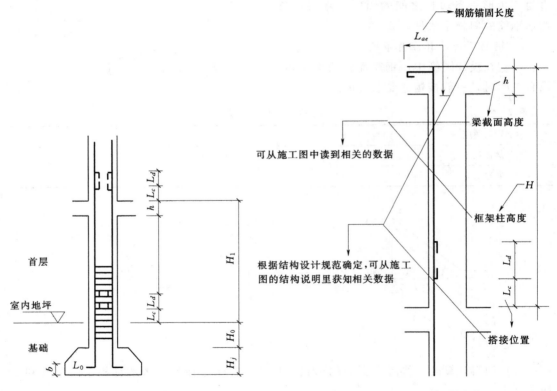

图 2-10　底层及中间层柱计算简图　　　　图 2-11　顶层柱计算简图

a. 插入基础的纵筋。

$$\int = H_j + H_0 - b + L_0 + L_c + L_d + 2\times 6.25d - 弯曲调整值$$

b. 与上下钢筋搭接的纵筋。

$$= H_1 - L_c + L_c + L_d + 2 \times 6.25d$$

$$= H_1 + L_d + 12.5d$$

注意：a）构件的高度，如 $H_0$、$H_j$、$H_1$ 等可在施工图纸上的图中读取。

b）钢筋的保护层 $b$，搭接位置 $L_c$，搭接长度 $L_d$ 等相应数据，可在施工图纸上的结构说明中读取。

c）钢筋末端无弯钩时，公式中无 $2 \times 6.25d$ 一项。

d）如为其他连接方式，公式中无搭接长度 $L_d$。

（2）上端锚入梁内的纵筋计算。

$$= H - L_c - h + L_{ae} + 2 \times 6.25d - 弯曲调整值$$

想一想：什么情况下纵向钢筋需要锚入梁内（见图 2-12）？

1）顶层柱的钢筋全部都需锚入梁内。

2）中间层柱，当下层钢筋多于上层钢筋时，多出的下层钢筋应锚入梁内。

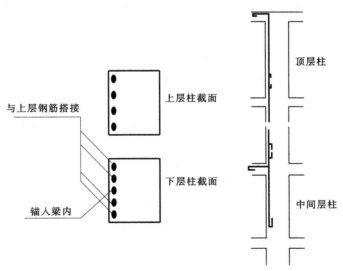

图 2-12　锚入梁内的纵向钢筋

（3）箍筋长度的计算。

1）框架柱箍筋构造要求。

a. 沿柱身高度布置箍筋，箍筋直径及间距按设计确定。

b. 基础内一般设有两根箍筋，直径与柱身箍筋同。

c. 柱端箍筋应加密，加密范围为 $L_n$。

d. 梁柱节点内箍筋应加密。

e. 在竖筋搭接范围内箍筋应加密。

f. 所有加密箍筋直径同柱身箍筋，间距按图纸相关说明。

箍筋布置示意图见图 2-13。

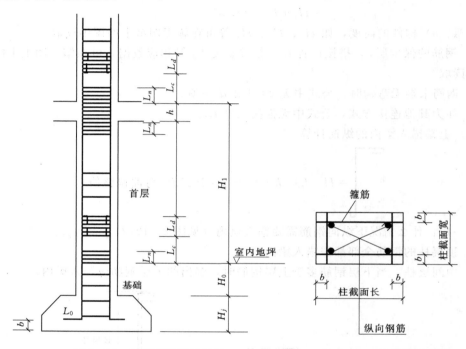

图 2-13  柱箍筋布置示意图            图 2-14  箍筋计算简图

2）每根箍筋的长度计算。

$$箍筋长度＝（柱截面长－2b）×2＋（柱截面宽－2b）×2＋箍筋调整值$$
$$＝柱截面周长－8b＋箍筋调整值$$

3）箍筋的根数计算。箍筋的根数可分层计算：

$$基础层箍筋根数＝H_0/箍筋间距＋2$$

$$首层箍筋根数＝（2×L_n＋L_d＋h）/密箍间距＋（H_1－2L_n－L_d－h）/箍筋间距$$

其他各层箍筋根数的计算与首层同

$$箍筋总根数＝各层箍筋根数之和＋1$$

$$箍筋总长度＝每根箍筋长度×根数$$

2. 连续梁钢筋的计算

（1）纵向钢筋长度的计算。

1）连续梁纵向钢筋构造要求。

a. 底筋伸入支座应满足锚固的要求，锚固长度为 $L_{ae}$。

b. 支座面筋伸入端支座的锚固长度为 $L_{ae}$。伸入梁的长度为 $S$。

c. 架立筋与支座面筋的搭接长度为 $L_d$。

d.$L_{ae}$、$L_d$ 的数值可从结构说明中读取；$S$ 的数值可从相关结构图中读取。

如图 2-15 所示为连续梁纵向钢筋布置图。

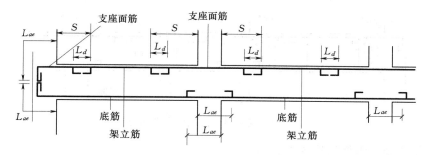

图 2-15　连续梁纵向钢筋布置示意图

2）底筋计算。连续梁底筋计算简图见图 2-16。

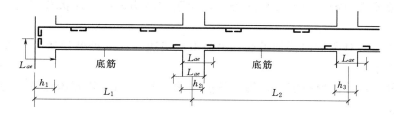

图 2-16　连续梁底筋计算简图

a. 端跨梁底钢筋。

$$\text{⊏～⌐}=L_1-h_1-h_2/2+2L_{ae}+2\times6.25d-\text{弯曲调整值}$$

b. 中跨梁底钢筋。

$$\text{⊏～⌐}=L_2-h_2/2-h_3/2+2L_{ae}+2\times6.25d$$

3）面筋计算。连续梁支座面筋计算简图见图 2-17。

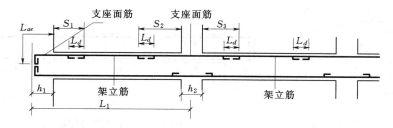

图 2-17　连续梁支座面筋计算简图

a. 端支座面钢筋。

$$\text{⊏～⌐}=L_{ae}+S_1+2\times6.25d-\text{弯曲调整值}$$

b. 中间支座面钢筋。

$$\text{⊏～⌐}=S_2+S_3+h_2+2\times6.25d$$

c. 架立筋。

$$\text{⊏～⌐}=L_1-h_1-h_2/2-S_1-S_2+2L_d+2\times6.25d$$

（2）横向钢筋长度的计算。连续梁横向钢筋布置示意图见图 2-18。梁箍筋计算简图见图 2-19 和图 2-20。

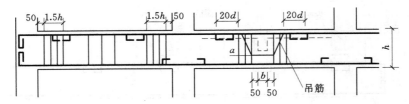

图 2-18　连续梁横向钢筋布置示意图

1）框架梁横向钢筋构造要求。

a. 沿梁长方向布置箍筋，箍筋直径及间距按设计确定。

b. 梁端第一根箍筋离支座边 50mm。

c. 梁端箍筋应加密，密箍直径同跨中，间距按结构说明。加密范围为 $1.5h$，$h$ 为梁截面高度。

d. 次梁处，设计需要时需加吊筋。吊筋由次梁边 50mm 处开始弯折。弯起角度为 $a$。水平锚固长度为 $20d$。

e. 次梁处，设计需要时需加密箍。箍筋由次梁边 50mm 处开始放置。箍筋直径与间距按结构图纸。

2）每根箍筋的长度——方法与柱同。

$$箍筋长度＝（梁截面高－2b）\times 2＋（梁截面宽－2b）\times 2＋箍筋调整值$$
$$＝梁截面周长－8b＋箍筋调整值$$

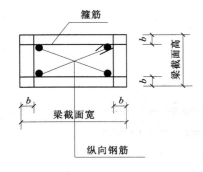

图 2-19　梁箍筋计算简图（一）

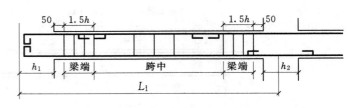

图 2-20　梁箍筋计算简图（二）

3）箍筋的根数计算。箍筋的根数可分跨计算：

$$首跨箍筋根数＝（L_1－h_1－h_2/2－50\times 2－1.5h\times 2）/非加密箍筋间距$$
$$＋1.5h\times 2/加密箍筋间距＋1$$

其他各跨箍筋根数的计算与首跨同：

$$箍筋总根数＝各跨箍筋根数之和$$

$$箍筋总长度＝每根箍筋长度\times 箍筋总根数$$

（3）吊筋的长度的计算。梁吊筋计算简图见图 2-21。

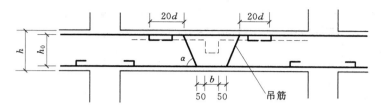

图 2-21　梁吊筋计算简图

$= b + 50 \times 2 + 20d \times 2 + 2 \times 6.25d + (h_0/\sin\alpha) \times 2 - $ 弯曲调整值

利用三角函数计算钢筋斜长：

梁高 $h \leqslant 800\text{mm}$ 时　　　　　　$h_0/\sin\alpha = 1.414h_0$

梁高 $h > 800\text{mm}$ 时　　　　　　$h_0/\sin\alpha = 1.155h_0$

**3. 楼板钢筋的计算**

（1）楼板钢筋构造要求。

1）板底短向钢筋为受力筋，放置在板底，两端伸入至支座中部。其直径和间距可在图中读取。

2）板底长向钢筋，在单向板中为分布筋，在双向板中为受力筋，它放置在短向钢筋之上，两端伸入至支座中部。其直径和间距可在图中或结构说明中读取。

3）板边沿梁方向配置支座面筋，其直径、间距和钢筋长度可在图中读取。

4）沿支座面筋直线段应均匀布置分布筋，分布筋一般见结构设计说明。

如图 2-22 和图 2-23 所示为板的平面和立面配筋示意图。

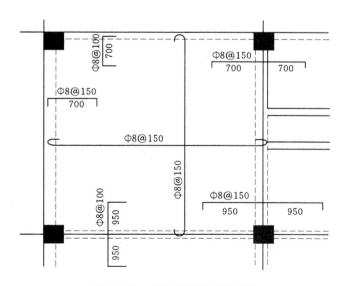

图 2-22　板的平面配筋示意图

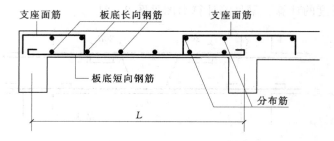

图 2-23　板的立面配筋示意图

（2）板底钢筋。

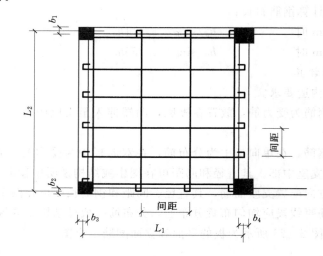

图 2-24　板底钢筋计算简图

1）板底短向钢筋。

$$单根长 = L_1 + 2 \times 6.25d$$

$$根数 = (L_2 - b_1/2 - b_2/2)/钢筋间距 + 1$$

$$短向钢筋总长 = 单根长 \times 根数$$

2）板底长向钢筋。

$$单根长 = L_2 + 2 \times 6.25d$$

$$根数 = (L_1 - b_3/2 - b_4/2)/钢筋间距 + 1$$

$$长向钢筋总长 = 单根长 \times 根数$$

（3）板面支座负筋。

$$单根长 = C_1 + 2 \times (h - 2b) - 弯曲调整值$$

$$根数 = (L_2 - b_1/2 - b_2/2)/钢筋间距 + 1$$

$$支座负筋总长 = 单根长 \times 根数$$

（4）支座负筋的分布筋。板支座负筋计算简图见图 2-25 和图 2-26。

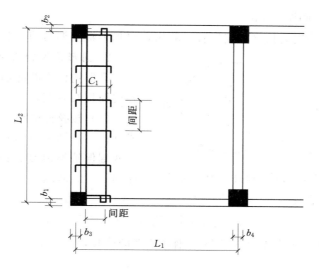

图 2-25 板支座负筋计算简图 (一)

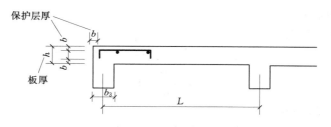

图 2-26 板支座负筋计算简图 (二)

$$单根长 = L_2 + 2 \times 6.25d$$
$$根数 = (C_1 + b - b_3) / 钢筋间距 + 1$$
$$支座负筋分布筋总长 = 单根长 \times 根数$$

其余各板边支座负筋及分布筋计算方法相同。

2.3.3.2.3 特殊形状钢筋下料长度计算

1. 变截面构件箍筋下料长度计算

变截面构件常见于悬挑梁或外伸梁的外伸部分, 如
图 2-27, 根据比例原理, 每个箍筋的长短差 $\Delta$ 可按式
(2-1) 计算。

图 2-27 变截面构件箍筋下料
长度计算简图

$$\Delta = \frac{h_d - h_c}{n - 1} \qquad (2-1)$$

式中   $\Delta$——每根箍筋的长短差 (箍筋高差), mm;

       $h_d$——箍筋的最大高度, mm;

       $h_c$——箍筋的最小高度, mm;

       $n$——箍筋的个数, $n = s/a + 1$;

       $s$——最高箍筋与最低箍筋之间的总距离, mm;

$a$——箍筋的间距，mm。

将每个箍筋的外皮周长（内皮周长）算出，再加上箍筋调整值，就是其下料长度了。

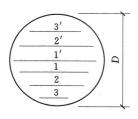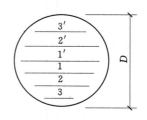

图 2-28 按弦长布置钢筋下料长度计算简图

**2. 圆形构件钢筋的下料长度计算**

圆形构件中的配筋方式有按弦长布置和按周长布置两种。

（1）按弦长布置。先根据式（2-2）～式（2-4）算出钢筋所在处的弦长，再减去两端保护层厚度，即得钢筋下料长度，如图 2-28 所示。

当配筋间距为单数时

$$l_i = a \sqrt{(n+1)^2 - (2i-1)^2} \qquad (2-2)$$

式中　$l_i$——第 $i$ 根（从圆心向两边数）钢筋所在的弦长，mm；

　　　$i$——序列号；

　　　$n$——钢筋根数；

　　　$a$——钢筋间距，mm。

当钢筋间距为双数时

$$l_i = a \sqrt{(n+1)^2 - (2i)^2} \qquad (2-3)$$

其中

$$n = \frac{D}{a} - 1 \qquad (2-4)$$

式中　$D$——圆直径，mm。

（2）按圆周布置。一般按比例方法先求出每个钢筋的圆直径，再乘以圆周率所得的圆周长，即为圆形钢筋的下料净长度。如图 2-29 所示。

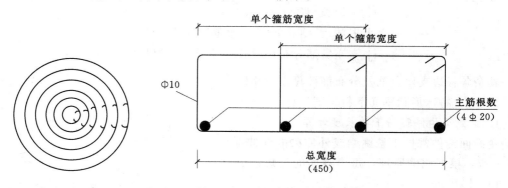

图 2-29 按圆周布置钢筋
下料长度计算简图

图 2-30 四肢箍筋的下料计算简图（单位：mm）

**3. 四肢箍筋的下料长度计算**

四肢箍筋是由两个双肢箍筋合并而成的。如图 2-30 所示。下料长度计算是先求出每个双肢箍筋的宽度。其单个双肢箍筋与所在主筋的根数有关，根据经验可得计算公式：

单个双肢箍筋的宽度＝[（单个双肢箍筋所跨的主筋根数－1）×总宽度]/（主筋根数－1）＋10

$$\qquad (2-5)$$

单个箍筋的宽度计算出来后，箍筋的下料长度就可以计算出来了。

如图2-30所示，箍筋Φ10，主筋，4Φ20，总宽度450mm（外皮尺寸），求单肢箍筋的宽度。

$$单肢箍筋的宽度=\frac{(3-1)\times450}{4-1}+10=310(mm)$$

### 4. 吊环钢筋的下料计算

吊环钢筋用于预制构件的起吊，如图2-31所示，其下料长度的计算公式为：

$$吊环钢筋的下料长度=\frac{(D+d)\times3.14}{2}+2(L+a)+弯钩增加长度-4d$$

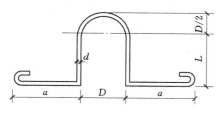

图2-31　吊环钢筋的下料计算

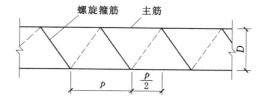

图2-32　螺旋箍筋下料长度计算

### 5. 螺旋箍筋的下料计算

在圆柱形构件中，螺旋箍筋沿圆周表面缠绕如图2-32所示，则每米钢筋骨架长的螺旋箍筋长度可按下式计算

$$L=\frac{2000\pi a}{p}\left[1-\frac{e^2}{4}-\frac{3}{64}(e^2)^2\right] \tag{2-6}$$

其中

$$a=\frac{\sqrt{p^2+4D^2}}{4}$$

$$e^2=\frac{4a^2-D^2}{4a^2}$$

式中　$\pi$——圆周率，取3.1416；

　　　$p$——螺距，mm；

　　　$D$——螺旋线的缠绕直径，mm，可采用箍筋的中心距，即主筋外皮距离加上箍筋的直径。

如图2-32所示，若该钢筋骨架沿直径方向的主筋外皮距离为190mm，螺旋箍筋直径为10mm，螺距为8mm，则每米钢筋骨架长的螺旋箍筋的长度计算如下

$$D=190+10=200(mm)$$

$$p=80mm$$

由式（2-6）得

$$a=\frac{\sqrt{80^2+4\times200^2}}{4}=102(mm)$$

$$e^2=\frac{4\times102^2-200^2}{4\times102^2}=0.0388$$

$$L=\frac{2000\pi\times102}{80}\times\left(1-\frac{0.0388}{4}-\frac{3}{64}\times0.0388^2\right)=7933(mm)$$

## 2.3.3.3 钢筋重量的计算

$$钢筋的重量=钢筋的长度×钢筋每米重量$$

其中钢筋的长度计算方法如前述，按结构施工图进行钢筋下料计算所得。

钢筋每米重量有查表法和经验公式计算法。

（1）查表法：查表2-7即得钢筋每米重量。

（2）经验公式计算方法：钢筋的每米重量（$kg \cdot m^{-1}$）＝钢筋直径（cm）×钢筋直径（cm）×0.617。

表 2-7 钢 筋 每 米 重 量 表

| 直径/mm | 重量/($kg \cdot m^{-1}$) | 直径/mm | 重量/($kg \cdot m^{-1}$) |
|---|---|---|---|
| 6 | 0.283 | 18 | 2.00 |
| 8 | 0.395 | 20 | 2.47 |
| 10 | 0.617 | 22 | 2.98 |
| 12 | 0.888 | 25 | 3.85 |
| 16 | 1.58 | 28 | 4.84 |

## 2.3.3.4 钢筋配料单

### 1. 配料单的作用及内容

配料单是根据施工图纸中钢筋品种、规格、外形尺寸、数量进行编号，计算下料长度，并根据表格形式表达出来的过程。配料单的内容一般包括工程名称、构件名称、钢筋编号、钢筋简图及尺寸、钢筋直径、钢号、数量、下料长度及钢筋重量等。配料单既是钢筋加工时的依据，又是提出钢筋加工材料计划、签发工程任务单和限额领料的依据。

### 2. 配料单的编制

下面通过一个钢筋配料计算的实例，介绍钢筋下料长度计算及配料单编制的方法和步骤。

【例2-1】 某建筑物一层共有10根 $L_1$ 梁（钢筋混凝土简支梁），如图2-33所示，求各钢筋的下料长度，编制钢筋配料单。

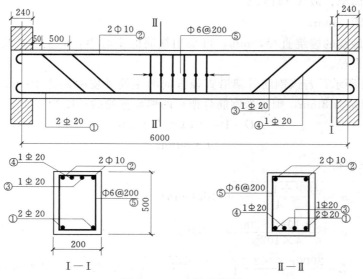

图 2-33 $L_1$ 梁配筋图

**解：**（1）绘制出各种钢筋简图，见表 2-8。

表 2-8
钢 筋 配 料 单

| 构件名称 | 钢筋编号 | 简　图 | 钢号 | 直径/mm | 下料长度/mm | 单位根数 | 合计根数 | 质量/kg |
|---|---|---|---|---|---|---|---|---|
| $L_1$ 梁（共 10 根） | ① | 6190 | Φ | 20 | 6440 | 2 | 20 | 317.6 |
| | ② | 6190 | Φ | 10 | 6315 | 2 | 20 | 77.9 |
| | ③ | 765　3760　636 | Φ | 20 | 6772 | 1 | 10 | 167.0 |
| | ④ | 265　4760　636 | Φ | 20 | 6772 | 1 | 10 | 167.0 |
| | ⑤ | 462　162 | Φ | 6 | 1308 | 32 | 320 | 92.9 |

**注**　合计 Φ6 钢筋 92.9kg；Φ10 钢筋 77.9kg；Φ20 钢筋 651.6kg。

首先要读懂构件配筋图，掌握有关构造规定。

凡图纸上设计未注明的，按一般构造要求处理。$L_1$ 梁的纵筋保护层厚度：梁端梁侧都按 25mm 考虑，弯起钢筋的弯起角度取 45°。

（2）计算各编号钢筋的下料长度。

1）①号受力钢筋（2Φ20）。

钢筋外包尺寸：$6000+2\times120-2\times25=6190$（mm）

下料长度：$6190+2\times6.25d_1=6190+2\times6.25\times20=6440$（mm）

2）②号架立钢筋（2Φ10）。

外包尺寸：同①号钢筋为 6190（mm）

下料长度：$6190+2\times6.25d_2=6190+2\times6.25\times10=6315$（mm）

3）③弯起钢筋（1Φ20）。外包尺寸分段计算。

端部平直段长度：$240-25+50+500=765$（mm）

斜段长：$(500-2\times25)\times1.414=636$（mm）

中间平直段长度：$6000-2\times(120+50+500+450)=3760$（mm）

各段外包尺寸之和：$2\times(765+636)+3760=6562$（mm）

下料长度：外包尺寸＋端部弯钩增长值－弯曲量度差$=6562+2\times6.25\times20-4\times0.5\times20$
$$=6562+2\times6.25\times20-4\times0.5\times20$$
$$=6562+250-40$$
$$=6772（mm）$$

4）④号弯起钢筋（1Φ20）。外包尺寸分段计算。

端部平直段长度：$240-25+50=265$（mm）

斜段长度：同③号钢筋为 636mm

中间平直段长度：$6000-2\times(120+50+450)=4760$（mm）

各段外包尺寸之和：$2\times(265+636)+4760=6562$（mm）

下料长度：$6562+2\times6.25d_4-4\times0.5d_4=6772$（mm）

5）⑤号箍筋（Φ6@200）。外包尺寸为箍筋周长。

箍筋宽度：$200-2\times25+2\times6=162$（mm）

箍筋高度：$500-2\times25+2\times6=462$（mm）

外包尺寸：$2\times(162+462)=1248$（mm）

箍筋调整值：查表，为 60mm。

下料长度：$1248+60=1308$（mm）

箍筋根数：$n=$ 主筋长度/箍筋间距$+1=\dfrac{6240-2\times25}{200}+1=32$（根）

（3）编制钢筋配料单。根据以上计算成果，汇总编制 $L_1$ 梁钢筋配料单，详见表 2-8。

3. 钢筋料牌

在钢筋施工中，仅有钢筋配料单还不够，还要根据列入加工计划的钢筋配料单为每一个编号的钢筋制作一块料牌（又称钢筋配料牌或钢筋加工牌），钢筋加工完成后将其绑在钢筋上。料牌即作为钢筋加工的依据，又作为在钢筋安装中区别个工程项目、构件和各种编号钢筋的标志。

料牌可用 100mm×70mm 的纤维板或较硬的木质三层板等制作，料牌的正面一般写上钢筋所在的工程项目、构件号以及构件数量；料牌的反面应有钢筋编号、简图、直径、钢号、下料长度及合计根数等。通用钢筋料牌形式如图 2-1 所示。

# 2.4  实训作业及评分标准

## 2.4.1  问题讨论

5～6 人一组，认真阅读相关知识，讨论完成下列作业，选出代表，回答问题，教师进行讲评。

（1）为什么要进行钢筋下料计算？

（2）什么是钢筋配料？如何编制钢筋配料单？

（3）钢筋下料计算主要应考虑的因素有哪些？

（4）几种常用钢筋下料长度的基本计算公式是什么？

（5）混凝土保护层厚度如何确定？

（6）什么是钢筋弯曲调整值？如何确定？

（7）钢筋可不做弯钩的情况有哪些？

（8）什么是箍筋调整值？如何确定？

（9）框架柱纵向受力钢筋的构造要求有哪些？其下料长度如何计算（结合图 1 - 15 进行计算，并写出计算过程）。

（10）框架柱箍筋有哪些构造要求？其下料长度如何计算（结合图 1 - 15 进行计算，

并写出计算过程）。

（11）连续梁纵向钢筋有哪些构造要求？其下料长度如何计算（结合图1-13进行计算，并写出计算过程）。

（12）框架梁横向钢筋有哪些构造要求？其下料长度如何计算？（结合图1-13进行计算，并写出计算过程）。

（13）板钢筋有哪些构造要求？其下料长度如何计算？（结合图1-14进行计算，并写出计算过程）。

（14）基础钢筋有哪些构造要求？其下料长度如何计算？（结合图1-17进行计算，并写出计算过程。）

## 2.4.2 填写表格

5～6人一组，识读附录所示结构图，进行下料计算，完成表2-9～表2-11。

（1）填写柱钢筋下料单，见表2-9。

表 2 - 9　　　　　　　　　　柱 钢 筋 下 料 单

| 构件名称 | 钢筋编号 | 简图 | 计算公式 | 钢筋规格 | 下料长度/mm | 单位根数 | 合计长度/m | 质量/kg |
|---|---|---|---|---|---|---|---|---|
|  |  |  |  |  |  |  |  |  |
|  |  |  |  |  |  |  |  |  |
|  |  |  |  |  |  |  |  |  |
|  |  |  |  |  |  |  |  |  |
|  |  |  |  |  |  |  |  |  |
|  |  |  |  |  |  |  |  |  |
| 备注 | 保护层厚度：　　　　　弯曲调整值：<br>弯钩增加值： |  |  |  |  |  |  |  |

（2）进行上述下料计算，填写表 2 - 10。

表 2 - 10　　　　　　　　　　梁 钢 筋 下 料 单

| 构件名称 | 钢筋编号 | 简图 | 计算公式 | 钢筋规格 | 下料长度/mm | 单位根数 | 合计长度/m | 质量/kg |
|---|---|---|---|---|---|---|---|---|
|  |  |  |  |  |  |  |  |  |
|  |  |  |  |  |  |  |  |  |
|  |  |  |  |  |  |  |  |  |
|  |  |  |  |  |  |  |  |  |
|  |  |  |  |  |  |  |  |  |
| 备注 | 保护层厚度：　　　　　弯曲调整值：<br>弯钩增加值： |  |  |  |  |  |  |  |

（3）进行上述下料计算，填写表 2 - 11。

表 2 - 11　　　　　　　　　　基 础 钢 筋 下 料 单

| 构件名称 | 钢筋编号 | 简图 | 计算公式 | 钢筋规格 | 下料长度/mm | 单位根数 | 合计长度/m | 质量/kg |
|---|---|---|---|---|---|---|---|---|
|  |  |  |  |  |  |  |  |  |
|  |  |  |  |  |  |  |  |  |
|  |  |  |  |  |  |  |  |  |
|  |  |  |  |  |  |  |  |  |
|  |  |  |  |  |  |  |  |  |
|  |  |  |  |  |  |  |  |  |
| 备注 | 保护层厚度：　　　　　弯曲调整值：<br>弯钩增加值： |  |  |  |  |  |  |  |

### 2.4.3 评分标准

评分标准表见表 2-12。

表 2-12 评 分 标 准 表

| 项次 | 项目 | 检查方法 | 评分标准 | 应得分 | 实得分 |
|------|------|----------|----------|--------|--------|
| 1 | 问题回答及下料计算过程 | 互相检查对比 | 视回答情况、成果酌情扣分 | 40 | |
| 2 | 钢筋配料单编制 | 互相检查对比 | 视图表成果酌情扣分 | 40 | |
| 3 | 团结协作、积极参与 | 目测 | | 10 | |
| 4 | 文明操作 | 目测 | | 5 | |
| 5 | 综合印象 | 目测 | | 5 | |

# 项目3　钢筋现场检验与代换

## 3.1　实　训　目　的

（1）了解钢筋进场外观检查的内容及程序，学会外观检查的方法。
（2）熟悉钢筋外观要求的各个标准。
（3）熟悉钢筋见证取样与送检规定。
（4）掌握钢筋见证取样的方法。
（5）熟悉钢筋现场保管的要求与规定。
（6）熟悉钢筋代换的基本规定。

## 3.2　实　训　任　务

要求学生对实训基地现场钢筋进行外观检查、见证取样、判断实训基地钢筋的保管是否符合要求、结合现场钢筋类型以及项目2的配料单判断是否需要钢筋代换并且需要时进行钢筋代换。

## 3.3　实　训　准　备

### 3.3.1　仪器、工具准备

钢卷尺、游标卡尺、牙剪（钢筋切断机）、计算器、三角尺、钢笔、铅笔、草稿纸。

### 3.3.2　实训材料准备

各种钢筋、×××工程钢筋混凝土基础、柱、梁配料单。

### 3.3.3　知识准备

#### 3.3.3.1　概述

钢筋对结构的承载力至关重要，钢筋的质量直接影响结构的安全，把好钢筋材料进场关，使保证结构质量安全的关键，建筑工程要严格按照设计要求使用合格钢筋。施工单位应按钢筋进场计划组织、采购钢筋并及时进场，钢筋的质量保证资料应随同钢筋一起进场。严把钢筋进场关，钢筋原材料进场时，单位必须进行进场复验，核查产品合格证和出厂检验报告，检查钢筋外观质量和重量，并按有关规定进行见证取样检测，钢筋质量必须符合国家标准《钢筋混凝土用钢　第1部分：热轧光圆钢筋》（GB 1499.1—2008）和《钢筋混凝土用钢　第2部分：热轧带肋钢筋》（GB 1499.2—2007）的要求。钢筋原材料进场复验合格后，方可进行加工。施工单位相关管理人员应对该批钢筋进行验收并及时填写《钢筋进场记录》附上钢筋出厂质量保证资料报项目监理部。专业监理工程师首先对

《钢筋进场检验记录》及钢筋出厂质量保证书进行审核。

1. 钢筋入场一般的检查验收程序

（1）钢筋施工方首先核对各类钢筋规格数量清单、规格型号、质量证明文件是否齐全和外观质量是否合格，并对进场钢筋作出质量自检质量评定结论。

（2）将第一项资料报送监理、建设单位，再邀请监理到现场验收，若没有问题方可进入下面程序。

（3）在监理的见证下现场取样，要求是每个规格型号，每个批次不超过60t的前提下，各抽取一组样品，在监理的见证下送法定的检测机构检测。

（4）在检测报告出来后，材料检验合格，就可以向监理方申请该批材料的使用。

2. 钢筋的类型

（1）按生产工艺分为：热轧钢筋、热处理钢筋、冷加工钢筋、碳素钢丝、刻痕钢丝及钢绞线。

（2）按化学成分分为：碳素钢钢筋和普通低合金钢钢筋。

（3）按外形分为：光面钢筋、变形钢筋（螺纹、人字纹、月牙纹）、钢丝和钢绞线。

（4）按强度分为：Ⅰ级、Ⅱ级、Ⅲ级、Ⅳ级、Ⅴ级钢筋。钢筋混凝土结构用热轧钢筋，除Ⅰ级钢筋为3号钢、Ⅴ级为热处理钢筋外，其余全是普通低合金钢。

（5）按直径分为：钢丝（3～5mm）、细钢筋（6～10mm）、中粗钢筋（12～20mm）、粗钢筋（>20mm）

（6）按供应形式分为：盘圆或盘条钢筋（直径6～9mm，每盘钢筋应有整条钢筋盘成）和直条钢筋（直径10～40mm，通常长度为6～12m）。

（7）按钢筋在结构中的作用分为：受力钢筋（包括受拉钢筋、受压钢筋和弯起钢筋等）、构造钢筋（包括分布钢筋、架立钢筋和箍筋等）。

3. 钢筋检验规范规定——水工混凝土钢筋施工规范（DL/T 5169—2013）

（1）进场钢筋应具有出厂质量证明或检验报告单，每捆（盘）钢筋均应挂上标牌，标牌上应注有生产厂家、生产日期、牌号、产品批号、规格、尺寸等项目，在运输和储存时不得损坏和遗失标牌。

（2）现场钢筋检验内容应包括资料核查、外观检查和力学性能试验等。

1）检查每捆钢筋出厂时标牌注明的生产厂家、生产日期、牌号、产品批号、规格、尺寸等标记，是否与该批钢筋的质量合格证明书及检测报告相符。

2）检查每批钢筋的外观质量，查看锈蚀程度及有无裂缝、结疤、麻坑、气泡、砸碰伤痕等，并应测量钢筋的直径。

3）从每批钢筋中任选两根钢筋，每根取两个试件分别进行拉伸试验（包括屈服点、抗拉强度和伸长率）和冷弯试验。当有一项试验结果不符合要求时，则从同一批钢筋中另取双倍数量的试件重做各项试验。如仍有一个试件不合格，则该批钢筋为不合格。

4）钢筋取样时，钢筋端部应先截去500mm再取试件，每组试件应分别标记，不得混淆。

（3）钢筋应按批号进行检查和验收，对于不同厂家、不同规格的钢筋应按《钢筋混凝土用钢　第1部分：热轧光圆钢筋》（GB 1499.1—2008）、《钢筋混凝土用钢　第2部分：

热轧带肋钢筋》（GB 1499.2—2007）、《钢筋混凝土用余热处理钢筋》（GB 13014—2013）等的规定抽取试件做力学性能检验。钢筋检验合格后方可用于加工。

（4）采用非国产钢筋时，需经检验合格后方可加工使用，使机械性能应满足相应规范中规定的数值。

（5）同一批号钢筋，每60t宜作为一个检验批，不足60t时仍按一批计。

（6）当施工过程中发现钢筋脆断、焊接性能不良或机械性能异常，应对该批钢筋化学成分检验及其他专项检验。

**3.3.3.2 钢筋入场的外观检验与审核**

钢筋入场前要对外观进行检验并对各项指标进行审核。

（1）检查产品合格证、出厂检验报告。钢筋出厂应具有产品合格证书、出厂试验报告单，作为质量的证明材料，所列出的品种、规格、型号、化学成分、力学性能等，必须满足设计要求，符合有关的现行国家标准的规定。当有特别要求时，还应列出某批专门检验数据。

（2）进场的每捆（盘）钢筋均应有标牌，按炉罐号、批次及直径分批验收，分类堆放整齐，严防混料，并应对其检验状态进行标识，防止混用。

（3）钢筋外观检验。

1）查看钢筋的颜色是否一致（不合格钢筋往往存在钢筋表面暗红色的现象）。

2）查看钢筋表面是否有斑状，片状老锈。

3）查看钢筋通肋是否宽窄一致（不合格钢筋往往存在通长肋连续或间断宽边现象）。

4）查看钢筋直径是否符合要求、是否存在扁圆现象。

5）查看钢筋是否有夹渣、重皮、开裂现象。

6）查看钢筋是否存在油污现象。

实物检查，先看成捆钢筋铭牌与书面质量保证书是否一致为同一品牌，然后看钢筋表观是否均匀一致，平直、无损伤、表面不得有裂纹、油污、颗粒状或片状老锈（如老锈严重除需钢筋刷清理外，视情况降级使用）；再用游标卡尺丈量钢筋外径或称重，看是否符合《钢筋混凝土用钢　第1部分：热轧光圆钢筋》（GB 1499.1—2008）（表3-1和表3-2）的要求或《钢筋混凝土用钢　第2部分：热轧带肋钢筋》（GB 1499.2—2007）（表3-3和表3-4）的要求。

**表3-1　　钢筋公称直径偏差与钢筋截面圆度偏差表（GB 14991.1—2008）**

| 公称直径/mm | 允许偏差/mm | 不圆度/mm |
| --- | --- | --- |
| 6（6.5）<br>8<br>10<br>12 | ±0.3 | |
| 14<br>16<br>18<br>20<br>22 | ±0.4 | ≤0.4 |

**表 3－2　实际重量与理论重量的偏差表（GB 1499.1—2008）**

| 公称直径/mm | 实际重量与理论重量的偏差/% |
| --- | --- |
| 6～12 | ±7 |
| 14～22 | ±5 |

**表 3－3　实际重量与理论重量的偏差表（GB 1499.2—2007）**

| 公称直径/mm | 实际重量与理论重量的偏差/% |
| --- | --- |
| 6～12 | ±7 |
| 14～22 | ±5 |
| 25～50 | ±4 |

带肋钢筋表面标志应清晰明了，标志包括强度级别、厂名（汉语拼音字头表示）和直径（mm）数字。看二、三级带肋钢筋表面刻痕（热轧带肋钢筋二级钢在钢筋上的代号为"3"，三级钢在钢筋上的代号为"4"）与质量保证书上的钢筋级别是否一致。

**表 3－4　钢筋公称直径、其他参数及偏差表（GB 1499.2—2007）　单位：mm**

| 公称直径 $d$ | 内径 $d_1$ 公称尺寸 | 内径 $d_1$ 允许偏差 | 肋高 $h$ 公称尺寸 | 肋高 $h$ 允许偏差 | 纵肋高 $h_1$（不大于） | 横肋宽 $b$ | 纵肋宽 $a$ | 间距 $L$ 公称尺寸 | 间距 $L$ 允许偏差 | 横肋末端最大间距 |
| --- | --- | --- | --- | --- | --- | --- | --- | --- | --- | --- |
| 6 | 5.6 | | 0.6 | +0.3 | 0.8 | 0.4 | 1.0 | 4.0 | | 1.8 |
| 8 | 7.7 | | 0.8 | +0.4 / -0.3 | 1.1 | 0.5 | 1.5 | 5.5 | | 2.5 |
| 10 | 9.6 | | 1.0 | ±0.4 | 1.3 | 0.6 | 1.5 | 7.0 | | 3.1 |
| 12 | 11.5 | ±0.4 | 1.2 | +0.4 / -0.5 | 1.6 | 0.7 | 1.5 | 8.0 | ±0.5 | 3.7 |
| 14 | 13.4 | | 1.4 | | 1.8 | 0.8 | 1.8 | 9.0 | | 4.3 |
| 16 | 15.4 | | 1.5 | | 1.9 | 0.9 | 1.8 | 10.0 | | 5.0 |
| 18 | 17.3 | | 1.6 | ±0.5 | 2.0 | 1.0 | 2.0 | 10.0 | | 5.6 |
| 20 | 19.3 | | 1.7 | | 2.1 | 1.2 | 2.0 | 10.0 | | 6.2 |
| 22 | 21.3 | ±0.5 | 1.9 | | 2.4 | 1.3 | 2.5 | 10.5 | ±0.8 | 6.8 |
| 25 | 24.2 | | 2.1 | ±0.6 | 2.6 | 1.5 | 2.5 | 12.5 | | 7.7 |
| 28 | 27.2 | | 2.2 | | 2.7 | 1.7 | 2.5 | 12.5 | | 8.6 |
| 32 | 31 | | 2.4 | +0.8 / -0.7 | 3.0 | 1.9 | 3.0 | 14.0 | | 9.9 |
| 36 | 35 | ±0.6 | 2.6 | +1.0 / -0.8 | 3.2 | 2.1 | 3.5 | 15.0 | ±1.0 | 11.1 |
| 40 | 38.7 | ±0.7 | 2.9 | ±1.1 | 3.5 | 2.2 | 3.5 | 15.0 | | 12.4 |
| 50 | 48.5 | ±0.8 | 3.2 | ±1.2 | 3.8 | 2.5 | 4.0 | 16 | | 15.5 |

**注**　1. 纵肋斜角 $\theta$ 为 0°～30°。

　　　2. 尺寸 $a$、$b$ 参考数据。

（4）对各项指标和外观检验自检符合标准要求后，作出自检质量结论。附钢筋进场外观检验（报验）记录表，见表 3－5。施工单位相关管理人员应对该批钢筋进行验收并及时填写《钢筋进场记录》附上钢筋出厂质量保证资料报项目监理部。专业监理工程师首先对《钢筋进场检验记录》及钢筋出厂质量保证书进行审核。

表 3-5 　　　　　　　　　　　钢筋进场外观检验（报验）记录表

工程名称： 　　　　　　　　　　　　　　　　　　　　　　　　　　　编号：

| 序号 | 钢筋型号 | 生产厂家 | 进场时间 | 数量/t | 炉批号 | 直径偏差/mm | 质量偏差 | | | | | 加工进厂抽样情况 | 检查结果 |
|---|---|---|---|---|---|---|---|---|---|---|---|---|---|
| | | | | | | | 锈蚀（颗粒状、片状） | 裂纹 | 油污 | 平直 | 损伤 | | |
| 1 | | | | | | | | | | | | | |
| 2 | | | | | | | | | | | | | |
| 3 | | | | | | | | | | | | | |
| 4 | | | | | | | | | | | | | |
| 5 | | | | | | | | | | | | | |
| 6 | | | | | | | | | | | | | |
| | | | | | | | | | | | | | |

检验结论

施工单位检查人：　　　　　　　　监理机构检查人：

质检员：　　　　　　　　　　　　监理工程师：

　　　　　　　　　　　　　　　　　　　　　　　　　　　　年　　月　　日

注　1. 施工单位的专职质检员、材料员与监理机构的监理工程师、监理员一起进行检验。
　　2. 直径偏差允许值：交货为 A 级不小于 0.3mm，交货为 B 级不小于 0.4mm；偏差超过允许值的应退货或降级使用。
　　3. 外观质量：钢筋应平直、无损伤，钢筋表面不得有裂纹、起皮、油污、颗粒状或片状老锈等，并在相应栏内填"有"或"无"，平直栏直接填"平直"或"弯曲"。
　　4. 产品标牌上的标识炉批号应与质量保证书上一致，并做好记录。当不一致时，应查明材料来源，否则应退货。
　　5. 当钢筋表面存在裂纹、起皮应退货；若存在损伤、不平直应剔出退货；存在油污应清理干净；存在颗粒状或片状老锈应除尽，若影响截面尺寸，应降级处理。
　　6. 外观检查合格后，应及时见证取样送有资质的检测机构进行复试，复试合格后方可使用。

### 3.3.3.3　钢筋进场检验现场取样

对各项指标和外观检验自检符合标准要求后，通知监理工程师现场见证取样。进行钢筋力学性能和工艺性能检测。

1. 钢筋见证取样与送检规定

（1）热轧带肋钢筋、热轧光圆钢筋、低碳钢热轧圆盘条、热处理钢筋。

1）应按批进行检查和验收。

2）每批由同一个厂别、同一炉罐号、同一交货状态、同一进场时间的钢筋组成。

3）允许由同一牌号、同一冶炼方法、同一浇注方法的不同炉罐号组成混合批，但锅炉号碳量之差不大于 0.02%，含锰量之差不大于 0.15%。

4）热轧带肋钢筋、热轧光圆钢筋、低碳钢热轧圆盘条、热处理钢筋每批数量不大于 60t，每批取试件一组。

（2）冷轧带肋钢筋。

1）钢筋应按成批进行验收，每批钢筋应有出厂质量合格证明书。

2）每批由同一个牌号、同一外形、同一规格和同一交货状态的钢筋组成。

3）每批数量不大于60t，不足60t时也按一批计。

4）钢筋的力学性能应逐盘或逐捆进行检验，逐盘或逐捆进行检验做1个拉伸试验，牌号CRB550每批做2个弯曲试验，牌号CRB650每批做2个反复弯曲试验。

（3）冷轧扭钢筋。

1）应分批验收，每批由同一牌号、同一规格尺寸、同一台轧机、同一台班的钢筋组成，且每批不大于10t，不足10t按一批计。

2）取样部位距端部不小于500mm，试样长度宜取偶数倍节距，且不应小于4倍节距，同时不小于500mm。

（4）每种钢筋试件数量见表3-6。

表3-6 钢筋种类和试件数量

| 钢筋种类 | 试件数量/个 | |
| --- | --- | --- |
| | 拉伸试验 | 弯曲试验 |
| 热轧带肋钢筋 | 2 | 2 |
| 热轧光圆钢筋 | 2 | 2 |
| 低碳钢热轧圆盘条 | 1 | 2 |
| 余热处理钢筋 | 2 | 2 |
| 碳素结构钢 | 1 | 1 |
| 冷轧带肋钢筋CRB550 | 1 | 2 |
| 冷轧扭钢筋 | 2 | 1 |

注 1. 按上表规定凡取2个试件的（低碳钢热轧圆盘条冷弯试件除外）均应从任意两根（或两盘）中切取，即在每根钢筋上切取一个拉伸试件，一个弯曲试件。

2. 低碳钢热轧圆盘冷弯试件应取自不同盘。

2. 钢筋见证取样方法

（1）热轧钢筋。

1）组批规则。

同一牌号、同一炉罐号、同一规格、同一交货状态，不超过60t为一批次。

2）取样方法。

拉伸试验，任选两根钢筋切取，试样长度500mm。

冷弯试验，任选两根钢筋切取两个试样，试样长度按下式计算：

$$L = 1.55 \times (a + D) + 140\text{mm}$$

式中 $a$——钢筋的公称直径，mm；

　　$D$——弯曲试验的弯心直径，mm。

按表3-7取用。

表 3 - 7

| 钢筋牌号（强度等级） | HPB235（Ⅰ级） | HRB335 | | HRB400 | | HRB500 | |
|---|---|---|---|---|---|---|---|
| 公称直径 $a$/mm | 8～20 | 6～25 | 28～50 | 6～25 | 28～50 | 6～25 | 28～50 |
| 弯心直径 $D$/mm | $1d$ | $3d$ | $4d$ | $4d$ | $5d$ | $6d$ | $7d$ |

注 $d$ 为钢筋的直径。

在切取试样时，应将钢筋端头的 500mm 去掉后再切取。

（2）低碳热轧圆盘钢筋。

1）组批规则。

同一牌号、同一炉罐号、同一规格、同一交货状态，不超过 60t 为一批次。

2）取样方法。

拉伸试验，任选一盘钢筋切取，从该盘的任一端切取一个试样，试样长度 500mm。

冷弯试验，任选两盘钢筋切试样，从每盘的任一端各切取一个试样，试样长度 200mm。

在切去试样时，应将钢筋端头的 500mm 去掉后再切取。

3．冷拔低碳钢丝

（1）组批规则。甲级钢丝逐盘检验。乙级钢丝以同一直径 5t 为一批次任取 3 盘检验。

（2）取样方法。从每盘上的任一端切去长度不少于 500mm 后，再切取两个试样，1 根做拉伸试验，试样长度为 500mm；一根做反复弯曲试验，试样长度为 200mm。

4．冷轧带肋钢筋

（1）冷轧带肋钢筋的力学性能和工艺性能应逐盘检验。从每盘上的任一端切取长度不少于 500mm 后，再切取两个试样，拉伸试验，试样长度为 500mm；弯曲试验，试样长度为 500mm。

（2）对成捆供应 RRB550 冷轧带肋钢筋应逐捆检验。从每捆中同一根钢筋上截取两根试样，其中，拉伸试样长度 500mm；冷弯试样长度 200mm，如果检验结果有一项不达标准规定。应从该捆钢筋中取双倍试样进行复验。

#### 3.3.3.4　钢筋力学与工艺性能检测结果评定

拉伸试验和弯曲试验中，如某一项试验结果不符合标准要求，则从同一批钢筋中加倍取样进行不合格项目的复验。如果复验结果均满足试验要求，则判定该批钢筋合格。如任一试样的复验结果仍不满足标准要求，则该批钢筋为不合格品。

#### 3.3.3.5　钢筋的保管

1．规范规定——《水工混凝土钢筋施工规范》（DL/T 5169—2013）

（1）验收后的钢筋，应按不同等级、牌号、规格及生产厂家分批、分别堆放，且宜立牌标示。

（2）钢筋宜放在料棚内。当露天堆放时，场地应平整夯实，并有良好的排水措施。钢筋存放时应将钢筋垫高，离地高度不宜小于 200mm。钢筋堆放高度应以最下层钢筋不变形为宜。

（3）钢筋不得和酸、盐、油等物品存放在一起，堆放地点应远离有害气体。

2. 钢筋的贮存保管注意的问题

（1）仓库明确规划出待检区、合格品和不合格区，并按钢筋的品名、规格、型号、材质等划分不同的区域。

（2）对尚未验收或验收发现不合格的材料，及时注明"待检"或"不合格品"标识，并放入待检区域或不合格品区域，验收合格放入合格区。

（3）凡是入库的钢筋都有明显标识，标识使用统一的标牌上须填写"名称、规格、材质、数量、工程名称、检验日期、检验状态"，并放在实物前面。钢材管理员保持钢筋上的各种标识的完整。已损坏的标识应及时修复，防止错发乱发。

（4）不合格物资单独存放，并做好标识，及时退场处理。

（5）同种型号规格、不同批次钢筋按入库先后分别堆码，便于执行"先进先出"的原则。钢筋保持尽量短的保管期。

（6）每季度进行一次库存物资大盘点，做到账、卡、物相符。

钢筋必须按不同钢种、等级、牌号、规格及生产厂家分批验收，分别堆存，不得混杂，且应设立识别标志。钢筋在运输过程中，应避免锈蚀和污染。钢筋宜堆置在仓库（棚）内，露天堆置时，应垫高并加遮盖。

### 3.3.3.6 钢筋配料与代换

1. 钢筋接头位置的确定

钢筋配料过程中，往往遇到有接头钢筋的情况，此时应在满足构件中对接头（包括焊接、机械连接、绑扎搭接接头）位置、数量、搭接长度等各项要求的前提下，根据钢筋原材料的长度来考虑接头的布置。

下面通过一个实例，介绍采用绑扎接头时，确定钢筋接头位置的方法。

【例 3-1】 有一要求加工成型的钢筋混凝土梁中的钢筋（$\Phi 18$），如图 3-1（a）所示。根据该梁在结构中的受力状态，允许此钢筋采用绑扎搭接，现应怎样下料加工各段钢筋？

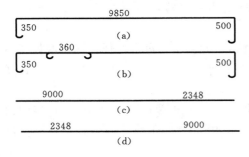

图 3-1 钢筋搭接接头位置示意图（一）

**解：**（1）先计算出钢筋的下料长度（采用机械弯钩）。

$$350+9850+500+2\times5\times18-2\times2\times18=10808(mm)$$

（2）现库存的该规格的钢筋长度为 9m<10.808m，需要设置一个接头如图 3-1（b）所示，接头处的绑扎搭接长度应按 $20d$（$d$ 为钢筋直径），即 $20\times18=360$（mm），则下料长度为 $10808+360+180=11348$（mm）［绑扎搭接末端弯钩的增加 $2\times5\times18=180$（mm）］。

（3）确定两段钢筋接头的位置。

方法一：用 9m 长的原有钢筋作为一段，另一段钢筋的下料长度为

$$11348-9000=2348(mm)$$

如图 3-1（c）所示。

方法二：和方法一相同，仅把接头的位置颠倒一下，如图 3-1（d）所示，从下料的

角度看，两种方法是完全相同的，但从加工成型的角度看又是不同的。方法一加工成型后如图3-2（a）所示，方法二加工成型后如图3-3（b）所示。

图3-2　钢筋搭接接头位置示意图（二）　图3-3　钢筋搭接接头位置示意图（三）

如果这种绑扎接头钢筋在同一个构件中不只是两根，而是更多，则下料就比较复杂了。由于受力钢筋搭接接头面积在同一连接区段内有一定比例的限制（同一连接区段的长度按规定取最小搭接长度的1.3倍，本例为$1.3 \times 20d$；受压钢筋的接头面积百分率不宜超过50%，受拉钢筋的接头面积百分率不宜大于25%），则若是4根钢筋时，在受压区进行搭接，可按方法一和方法二各加工两根即可。但若是3根时，按方法一和方法二进行下料加工，都会出现在同一连接区段内搭接接头面积达到66.7%，不符合规范的要求。因此，其中必须有一根钢筋的下料长度不同于方法一和方法二。

方法三：用原库存的9m长钢筋减去一个连接区段的长度作为一段下料长度，即

$$9000 - 1.3 \times 20d = 9000 - 1.3 \times 20 \times 18 = 8532 \text{(mm)}$$

则另一段下料长度为

$$11348 - 8532 = 2816 \text{(mm)}$$

其下料长度和加工成型后如图3-3（a）、（b）所示。

这样下料，即可满足刚进的成型要求了。当然搭接的位置还可以在超出一个连接区段的其他位置，这就要根据原材料的长度，以及被截下的一段能否合理利用等多方面的情况综合考虑了。一般在配料时，尽量使被截下的一段能够长一些，以免余料成为废料，使钢筋得到充分合理的利用。

2. 钢筋代换

在进行钢筋工程施工时，应按照设计文件中要求的设计种类、钢号和直径进行下料加工。钢筋加工单位要加强材料的计划性和供应性，尽量避免施工过程中的钢筋代换。

如果确认工地不能供应设计要求的钢筋品种和规格，而要根据库存条件进行代换时，应事先取得设计单位的同意，并办理相应的设计变更文件后方可进行，并符合下列《水工混凝土钢筋施工规范》（DL/T 5169—2013）规定：

（1）当钢筋的品种、级别或规格需要变更时，应符合设计要求。

（2）若以另一种牌号或直径的钢筋代替设计文件中规定的钢筋时，应遵守以下规定：

1）应按钢筋承载力设计值相等的原则进行，钢筋代换后应满足《水工混凝土结构设计规范》（DL/T 5057）中所规定的钢筋间距、锚固长度、最小钢筋直径等构造要求。

2）以高一级钢筋代换低一级钢筋时，宜采用改变钢筋直径的方法减少钢筋截面积。

（3）用同牌号钢筋代换时，其直径变化范围不宜超过4mm，代换后钢筋总截面面积

与设计文件中规定的钢筋截面面积之比不得小于98%或大于103%。

（4）设计主筋采取同牌号的钢筋代换时，应保持间距不变。可以用直径比设计钢筋直径大一级和小一级的两种型号钢筋间隔配置代换，满足钢筋最小间距要求。

（5）当构件受裂缝宽度或挠度控制时，代换后应进行裂缝宽度或挠度验算。

钢筋代换的原则、计算公式、注意事项和实例如下。

（1）钢筋代换原则。

1）等强度代换。构件配筋以强度控制时，可按抗拉强度设计值相等的原则进行代换。

2）等面积代换。构件配筋以最小配筋率控制时，可按面积相等的原则进行代换。

（2）钢筋代换计算公式。

1）等强度计算公式。当有钢筋的级别和直径与设计均不同时，应采用等强度代换，代换后的钢筋截面强度不低于设计要求的截面强度。

按照等强度代换的原则，代换应满足以下条件

$$A_{s2} f_{y2} \geqslant A_{s1} f_{y1} \tag{3-1}$$

$$n_2 \frac{\pi d_2^2}{4} \geqslant n_1 \frac{\pi d_1^2}{4} f_{y1}$$

$$n_2 \geqslant \frac{n_1 d_1^2 f_{y1}}{d_2^2 f_{y2}} \tag{3-2}$$

式中　$A_{s1}$——原设计钢筋总面积，mm²；

　　　　$A_{s2}$——代换钢筋总面积，mm²；

　　　　$f_{y1}$——原设计钢筋抗拉强度设计值，MPa；

　　　　$f_{y2}$——代换钢筋抗拉强度设计值，MPa；

　　　　$n_1$——原设计钢筋根数；

　　　　$n_2$——代换钢筋根数；

　　　　$d_1$——原设计钢筋直径，mm；

　　　　$d_2$——代换钢筋直径，mm。

式（3-2）有两种特例：

a. 设计强度相同、直径不同的钢筋代换时

$$n_2 \geqslant n_1 \frac{d_1^2}{d_2^2} \tag{3-3}$$

b. 直径相同、强度设计值不同的钢筋代换时

$$n_2 \geqslant n_1 \frac{f_{y1}}{f_{y2}} \tag{3-4}$$

2）等面积代换的计算公式。当先有钢筋的级别与设计要求相符，但钢筋的直径不相符时，保证代换后钢筋面积不小于设计的钢筋面积即可。

根据等面积代换的原则，代换应满足下列条件

$$A_{s2} \geqslant A_{s1} \tag{3-5}$$

$$n_2 \frac{\pi d_2^2}{4} \geqslant n_1 \frac{\pi d_1^2}{4}$$

$$n_2 \geqslant n_1 \frac{d_1^2}{d_2^2} \qquad\qquad (3-6)$$

式中符号的含义同前。

（3）钢筋代换的注意事项

1）代换后应满足原结构设计要求，并符合国家现行施工规范的有关规定（包括钢筋间距、锚固长度、最小钢筋直径、根数等）要求。

2）以高一级代换低一级钢筋时，宜采用改变钢筋直径的方法而不宜采用改变钢筋根数的方法来减小钢筋截面积。

3）用同钢号某直径钢筋代替另一种直径的钢筋时，某直径变化范围不宜超过 4mm，变更后钢筋总截面面积与设计文件规定的截面面积之比不得小于 98% 或大于 103%。

4）设计主筋采取同钢号的钢筋代换时，应保持钢筋间距不变，可以用比设计钢筋直径大一级和小一级的两种型号钢筋间隔配置代换。

5）当构件受裂缝宽度度或挠度控制时，钢筋代换后应进行裂缝宽度或挠度验算。

（4）钢筋代换实例。

**【例 3-2】** 某工地一根 400mm 宽的钢筋混凝土梁，原设计量底部纵向受力钢筋为 HRB335（Φ22 级）钢筋 9 根，分两排布置，底排 7 根，上排 2 根。现欲用 HRB400（Φ25 级）钢筋代换，求所需 Φ25 钢筋根数及其布置（HRB335 级钢筋强度设计值为 $f_y = 300\text{N/mm}^2$，HRB400 级钢筋强度设计值为 $f_y = 360\text{N/mm}^2$）。

**解：**本题属于直径不同，强度设计值不同的钢筋代换。

由式（3-2）得 Φ25 钢筋的根数为

$$n = 9 \times \frac{22^2 \times 300}{25^2 \times 360} = 5.81（根）$$

取 6 根。

该 6 根钢筋布置成一排（其净距满足构造要求），这样增大了钢筋合力点及构件截面受压边缘的距离，对提高构件的承载力有利。

**【例 3-3】** 某工地有一根钢筋混凝土梁，设计主筋为 4Φ14 而工地现存钢筋仅有 Φ10、Φ12、Φ16 三种，应如何代换？

**解：**该题属于同钢号（强度等级）不同直径的钢筋代换。根据钢筋代换的有关规定，应保持间距不变，选用比原钢筋直径大一级和小一级的两种直径钢筋间隔配置代换。

选 2Φ12 和 2Φ16 代换原 4Φ14。

复核：原设计钢筋总截面面积

$$A_{s1} = 4 \times \frac{\pi \times 14^2}{4} = 615（\text{mm}^2）$$

代换钢筋总截面面积

$$A_{s2} = 2 \times \frac{\pi \times 12^2}{4} + 2 \times \frac{\pi \times 16^2}{4} = 226 + 402 = 628（\text{mm}^2）$$

$628-615=13mm^2<615\times3‰=18mm^2$，满足。

# 3.4 实训作业及评分标准

### 3.4.1 问题讨论

5～6人一组，认真阅读相关知识，讨论完成下列作业，选出代表，回答问题，教师进行讲评。

（1）钢筋的类型有哪些？

（2）钢筋进场时应验收哪些质量技术资料？

（3）钢筋的外观检查应包括哪些内容？

（4）如何进行钢筋的见证取样？

（5）钢筋的堆放与保管应注意哪些问题？

（6）钢筋代换的规定、原则有哪些？

（7）结合现场钢筋类型和项目2下料单进行钢筋代换。

### 3.4.2 填写表格

5～6人一组，进行钢筋的现场检验、见证取样与钢筋代换，完成表3-8～表3-10。

表 3-8 　　　　　　　　　　　　　钢筋进场外观检验（报验）记录表

工程名称：　　　　　　　　　　　　　　　　　　　　　　　　编号：

| 序号 | 钢筋型号 | 生产厂家 | 进场时间 | 数量/t | 批号 | 直径偏差/mm | 质量偏差 | | | | | 加工进厂抽样情况 | 检查结果 |
|---|---|---|---|---|---|---|---|---|---|---|---|---|---|
| | | | | | | | 锈蚀（颗粒状、片状） | 裂纹 | 油污 | 平直 | 损伤 | | |
| 1 | | | | | | | | | | | | | |
| 2 | | | | | | | | | | | | | |
| 3 | | | | | | | | | | | | | |
| 4 | | | | | | | | | | | | | |
| 5 | | | | | | | | | | | | | |
| 6 | | | | | | | | | | | | | |
| 7 | | | | | | | | | | | | | |

检验结论

施工单位检查人：　　　　　　　　　监理机构检查人：

质检员：　　　　　　　　　　　　　监理工程师：

　　　　　　　　　　　　　　　　　　　　　　　　　　年　　月　　日

表 3-9 　　　　　　　　　　钢筋现场见证取样（报验）记录表

| 序号 | 钢筋型号 | 取样目的 | 试件个数 | 试件理论长度 | 试件实际长度 | 长度误差 | 取样位置 |
|---|---|---|---|---|---|---|---|
| | | | | | | | |
| | | | | | | | |
| | | | | | | | |

经过代换计算，编制钢筋配料单，见表 3-10。

表 3-10 　　　　　　　　　　　　钢 筋 配 料 单

| 构件名称 | 钢筋编号 | 简图 | 钢号 | 直径/mm | 下料长度/mm | 单位根数 | 合计根数 | 质量/kg |
|---|---|---|---|---|---|---|---|---|
| | | | | | | | | |
| | | | | | | | | |
| | | | | | | | | |
| | | | | | | | | |
| | | | | | | | | |
| | | | | | | | | |
| | | | | | | | | |
| | | | | | | | | |
| | | | | | | | | |
| | | | | | | | | |
| | | | | | | | | |

### 3.4.3 评分标准

评分标准见表 3-11。

表 3-11 评 分 标 准 表

| 项次 | 项目 | 检查方法 | 评分标准 | 应得分 | 实得分 |
|------|------|----------|----------|--------|--------|
| 1 | 问题回答及代换计算过程 | 互相检查对比 | 视回答情况、成果酌情扣分 | 40 | |
| 2 | 钢筋外观检查 | 互相检查对比 | 视图表成果酌情扣分 | 10 | |
| 3 | 钢筋见证取样 | 互相检查对比 | 视图表成果酌情扣分 | 10 | |
| 4 | 钢筋配料单编制 | 互相检查对比 | 视图表成果酌情扣分 | 20 | |
| 5 | 团结协作、积极参与 | 目测 | | 10 | |
| 6 | 文明操作 | 目测 | | 5 | |
| 7 | 综合印象 | 目测 | | 5 | |

# 项目4 钢 筋 加 工

## 4.1 实 训 目 的

（1）了解钢筋调直的方法、调直机的机械性能及工作原理，并掌握其操作方法。

（2）熟悉钢筋调直机械的维修、保养，掌握安全操作规程。

（3）了解常用钢筋切断方法、机械，并掌握操作方法。

（4）熟悉钢筋切断的操作规程及安全措施。

（5）掌握钢筋的手工和机械弯曲方法，了解钢筋弯曲设备的性能和操作技能。

（6）熟悉常用钢筋弯曲设备的维修及安全操作规程。

## 4.2 实 训 任 务

要求学生根据项目3的配料单对实训基地现场钢筋进行加工。

## 4.3 实 训 准 备

### 4.3.1 实训材料准备

Φ10mm以下的盘圆钢筋若干及部分粗钢筋。

### 4.3.2 实训机具准备

钢筋调直机、小锤、大锤、卡盘、横口扳子、矫正板、铁砧、夹具；剪线钳、手压切断机、电动钢筋切断机、钢卷尺；工作台、手摇扳手、扳柱铁板、钢筋扳手、角尺、钢筋弯曲机、粉笔、铁钉等。

### 4.3.3 知识准备

#### 4.3.3.1 钢筋加工规范规定——《水工混凝土钢筋施工规范》（DL/T 5169—2013）

1. 钢筋清污除锈

（1）钢筋表面应清净，使用前应将表面油渍、漆污、锈皮、鳞锈等清除干净，但对钢筋表面浮锈可不做专门的清理。钢筋表面有严重的锈蚀、麻坑、斑点等现象时，应经鉴定后视损伤情况确定降级使用或剔除不用。

（2）除锈后的钢筋应尽快使用，除锈后应重新检测确定使用等级。

（3）钢筋可在调直或冷却过程中除锈，可采用手工除锈、机械除锈、喷砂除锈和酸洗除锈等方法。

2. 钢筋调直

（1）钢筋应平直，无局部弯折，钢筋中心线同直线的偏差不应超过其全长的1%。成盘的钢筋或弯曲的钢筋应调直后，才允许使用。钢筋调直后若发现钢筋有劈裂现象，应作为废品处理，并应鉴定该钢筋质量。钢筋在调直机上调直后，其表面不得有明显伤痕。

（2）钢筋的调直宜采用机械调直和冷拉方法调直，严禁采用氧气、乙炔焰烘烤取直。

（3）当采用冷拉方法调直钢筋时，HPB235、HPB300 级钢筋的冷拉率不宜大于 4％。HRB335、HRB400、HRB500、HRBF335、HRBF400、HRBF500 级和 RRB400 级带肋钢筋的冷拉率不宜大于 1％。

3. 钢筋下料剪切

（1）钢筋下料长度应根据结构尺寸、混凝土保护层厚度，钢筋弯曲调整值和弯钩增加长度等要求确定。

（2）同直径、同钢号且不同长度的各种钢筋编号（设计编号）应先按顺序编制配料表，再根据调直后的钢筋长度和混凝土结构对钢筋接头的要求，统一配料。

（3）钢筋切断应根据配料表中编号、直径、长度和数量，长短搭配。

（4）钢筋接头的切割方式应符合下列规定：

1）采用绑扎接头、帮条焊、搭接焊的接头宜用机械切断机切割。

2）采用电渣压力焊的接头，应采用砂轮锯或气焊切割。

3）采用冷挤压连接和螺纹连接的机械连接钢筋端头宜采用砂轮锯或钢筋片切割，不得采用电气焊切割。如切割后钢筋端头有毛边、弯折或纵肋尺寸过大者，应用砂轮机修磨。冷挤压接头不得打磨钢筋横肋。

4）采用熔槽焊、窄间隙焊和气压焊连接的钢筋端头宜选用砂轮锯切割。

5）其他新型接头的切割按工艺要求进行。

4. 钢筋接头加工及弯折

（1）钢筋接头加工及弯折应符合下列要求。

1）钢筋接头加工应按所采用的钢筋接头方式要求进行。

2）钢筋端部在加工后有弯曲时，应给予矫直或割除（绑扎接头除外），端部轴线偏移不得大于 $0.1d$，并不得大于 2mm。端头面应整齐，并与轴线垂直。

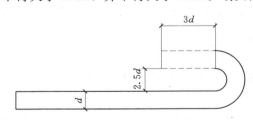

图 4-1 HPB235 级光圆钢筋的弯钩示图

3）HPB235 级光圆钢筋的端头应符合设计要求，如设计未作规定，则所有受拉光圆钢筋的末端应做 180° 的半圆弯钩，其弯弧内直径不应小于 $2.5d$，当手工弯钩时，弯钩的弯后平直部分长度不应小于 $3d$，如图 4-1 所示。

4）HRB335 级及其以上钢筋的端头，当设计要求弯转 90° 时，其最小弯弧内直径应符合下列要求：

a. 钢筋直径小于 16mm 时，最小弯弧内直径为 $5d$。

b. 钢筋直径不小于 16mm 时，最小弯转内直径为 $7d$，平直部分长度按照设计要求不小于 $10d$，见图 4-2。

c. 锚筋的加工必须保证端部无弯折、毛刺，杆身顺直。

5）钢筋的弯折宜采用钢筋弯曲机加工，弯曲形状复杂的钢筋应画线、放样后进行。

6) 各类钢筋中部弯折90°以上，弯起钢筋处的圆弧内半直径宜大于12.5d，见图4-3。

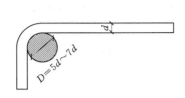

图4-2 HRB335、HRB400级
钢筋弯折90°示意图

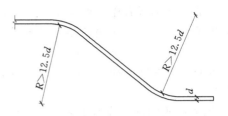

图4-3 弯起钢筋弯折圆弧
内半径示意图

7) 箍筋加工应按设计要求的形式进行，当设计没有具体要求时，可使用光圆钢筋制成的箍筋，其末端应有弯钩，弯钩形式应符合设计要求：当设计无具体要求时，应符合下列规定：

a. 箍筋弯钩的弯折度：对一般结构不应小于90°，对有效抗震等要求的结构为135°，见图4-4。

b. 箍筋弯后平直部分长度：对一般结构不宜小于箍筋直径的5倍，对有抗震等要求的结构不应小于箍筋直径的10倍。

图4-4 有抗震等要求
的筋加工结构

（2）所有钢筋的弯折宜在气温为5℃以上时进行，当环境温度低于-20℃时，不应对低合金钢筋进行冷弯加工。

（3）钢筋加工应该按照钢筋配料表要求的形式尺寸进行，加工后的允许偏差不得超过表4-1规定的数值。

表4-1　　　　　　　　　　　加工后钢筋的允许偏差

| 项次 | 误差名称 | | 允许偏差值 |
|---|---|---|---|
| 1 | 受力钢筋及钢筋全长净尺寸的误差 | | ±10mm |
| 2 | 钢筋各部分长度的误差 | | ±5mm |
| 3 | 钢筋弯起点位置的误差 | 厂房构件 | ±20mm |
| | | 大体积混凝土 | ±30mm |
| 4 | 钢筋转角的误差 | | ±3° |
| 5 | 圆弧钢筋径内误差 | 大体积 | ±25mm |
| | | 薄壁结构 | ±10mm |

（4）钢筋机械连接接头加工应符合下列要求。

1）直螺纹接头的现场加工应符合下列规定：

a. 钢筋端部应切平或镦平后加工螺纹。

b. 镦粗头不得有与钢筋轴线相垂直的横向裂纹。

c. 钢筋丝头长度应满足产品设计要求，公差应为（0～2.0）ρ。

d. 钢筋丝头应满足精度要求，应使用专用直螺纹量规检验，通规能顺利旋入并达到要求的拧入长度，止规旋入不得超过 $3\rho$，抽检数量 10％，检验合格率不应小于 95％。

2）锥螺纹接头的现场加工应符合下列规定：

a. 钢筋端部不得有影响螺纹加工的局部弯曲。

b. 钢筋丝头长度应满足产品设计要求，拧紧后的钢筋丝头不得相互接触，丝头加工长度公差应为（－1.5～0.5）$\rho$。

c. 钢筋丝头的锥度和螺距应使用专用锥螺纹量规检验；抽检数量 10％，检验合格率不应小于 95％。

3）钢筋接头的加工应经工艺检验合格后，方可进行。

4）加工钢筋锥（直）螺纹时，应采用水溶性切削润滑液，当气温低于 0℃ 时，应掺入 15％～20％ 亚硝酸钠，不得用机油润滑或不加润滑液套丝。

5）已检验合格的钢筋锥（直）螺纹加以保护，钢筋螺纹头应带上保护帽，对锥螺纹连接的钢筋螺纹头也可按接头规定的力矩值拧紧连接套。

6）钢筋的锥（直）螺纹加工后遵照 DL/T 5169—2013《水工混凝土钢筋施工规范》的相关规定，逐个检查钢筋锥（直）螺纹加工的外观质量。

7）钢筋机械连接件应由专业生产厂家设计并经型式检验认定后生产供应，并应有出厂质检证明。

5. 成品钢筋存放和运输

（1）经检验合格的成品钢筋应尽快运往工地安装使用，不宜长期存放。冷拉调直的钢筋和已除锈的钢筋应注意防锈。

（2）成品钢筋的存放应按使用工程部位、名称、编号、加工时间挂牌存放，不同牌号的钢筋成品不宜堆放在一起，防止混号和造成钢筋变形。

（3）成品钢筋的存放应按当地气候情况采取有效的防锈措施，若存放过程中发生成品钢筋变形或锈蚀，应矫正、除锈后重新鉴定，确定处理办法。

（4）锥（直）螺纹连接的钢筋端部螺纹保护帽在存放及运输装卸过程中不得取下。

（5）弯曲成型的钢筋在运输时，应谨慎装卸，避免变形，同时保留标牌。运输应按使用工程部位、名称、编号分批进行。现场临时堆放钢筋，不得过分集中，应考虑现场临时场地的承载要求。

（6）钢筋的装卸、运输过程中需要使用吊车起吊钢筋时，应有专人指挥作业，堆放平稳。

### 4.3.3.2 认识钢筋加工机械

钢筋作为混凝土的骨架构成钢筋混凝土，成为建筑结构中使用面广、量大的主材。在浇筑混凝土前，钢筋必须制成一定规格和形式的骨架纳入模板中。制作钢筋骨架，需要对钢筋进行强化、拉伸、调直、切断、弯曲、连接等加工，最后才能捆扎成形。由于钢筋用量极大，手工操作难以完成，需要采用各种专用机械进行加工，这类机械称为钢筋加工机械，简称钢筋机械。

钢筋加工机械的主要作用是用于钢筋除锈、冷拉、冷拔等原料加工，调直、剪切等配料加工和弯曲、点焊、对焊等成型加工。

认识常见钢筋加工机械设备：

钢筋除锈机：用以清除钢筋的锈垢，以保证钢筋焊接质量和钢筋与混凝土的良好粘着。采用电动钢丝轮刷除锈垢和使钢筋通过砂箱除锈，利用砂和钢筋间的摩擦除锈等两种。常把钢筋除锈放在冷拉、冷拔、调直切断的过程中完成，如图 4-5 所示。

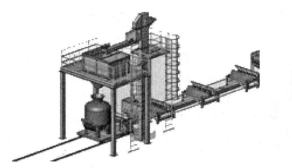

图 4-5　钢筋除锈机　　　　　　　　图 4-6　钢筋冷拉机

钢筋冷拉机：利用超过屈服点的应力，在一定限度内将钢筋拉伸，从而使钢筋的屈服点提高 20％～25％。冷拉机分卷扬冷拉机和阻力冷拉机。卷扬冷拉机用卷扬机通过滑轮组，将钢筋拉伸。冷拉速度在 5m/min 左右，可拉粗、细钢筋，但占地面积较大。阻力冷拉机用于直径 8mm 以下盘条钢筋的拉伸。钢筋由卷筒强力牵行通过 4～6 个阻力轮而拉伸，该机可与钢筋调直切断机组合，直接加工出定长的冷拉钢筋，冷拉速度为 40m/min 左右，效率高，布置紧凑，如图 4-6 所示。

钢筋冷拔机：使直径 6～10mm 的 1 级钢筋强制通过直径小于 0.5～1mm 的硬质合金或炭化钨拔丝模进行冷拔。冷拔时，钢筋同时经受张拉和挤压而发生塑性变形，拔出的钢筋截面积减小，产生冷作强化，抗拉强度可提高 40％～90％，如图 4-7 所示。

图 4-7　钢筋冷拔机　　　　　　　　图 4-8　钢筋调直切断机

钢筋调直切断机：用于调直和切断直径 14mm 以下的钢筋，并进行除锈。由调直筒，牵行机构，切断机构，钢筋定长架、机架和驱动装置等组成。其工作原理如图所示，由电动机通过皮带传动增速，使调直筒高速旋转，穿过调直筒的钢筋被调直，并由调直模清除钢筋表面的锈皮；由电动机通过另一对减速皮带传动和齿轮减速箱，一方面驱动两个传送压辊，牵引钢筋向前运动，另一方面带动曲柄轮，使锤头上下运动。当钢筋调直到预定长度，锤头锤击上刀架，将钢筋切断，切断的钢筋落入受料架时，由于弹簧作用，刀台又回到原位，完成一个循环，如图 4-8 所示。

钢筋切断机：有手动、电动和液压等多种型式。最大切断直径为 40mm。切断机都是利用活动刀片相对固定刀片作往复运动而把钢筋切断。现在一般调直切断制成多功能一体机。

图 4-9　钢筋镦头机

钢筋镦头机：将钢筋端部镦粗，作为预应力钢筋或冷拉时钢筋的锚固头的机械。镦头机有机械和液压两种。液压镦头机的工作原理为：液压缸推动夹具将钢筋夹紧时，其镦头压模向前移动，将钢筋头挤压镦粗，而后弹簧将压模推回，放松夹具，即完成一次镦头，如图 4-9 所示。

钢筋弯曲机：工作机构是一个在垂直轴上旋转的水平工作圆盘，如图 4-10 所示，把钢筋置于图中虚线位置，支承销轴固定在机床上，中心销轴和压弯销轴装在工作圆盘上，圆盘回转时便将钢筋弯曲。为了弯曲各种直径的钢筋，在工作盘上有几个孔，用以插压弯销轴，也可相应地更换不同直径的中心销轴。

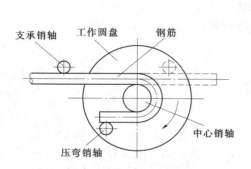

图 4-10　钢筋弯曲机工作原理图

图 4-11　钢筋焊接机

钢筋焊接机：除一般的弧焊机和点焊机外，常用对焊机和多头点焊机来对接钢筋和制作钢筋网片，其特点是效率高，电耗少。接触对焊的工作原理是将钢筋分别夹入两电极中，接通电源后，使钢筋端头接触。强大的短路电流在接触处受阻，产生高温，使金属熔化，更施加挤压力，使其焊成一体。由于金属熔化时向四周飞溅，形成闪光，故称闪光焊。多头点焊机一般能完成钢筋调直，网片牵引及切割等多道加工工序，可对定型网片实施自动化生产，见图 4-11。

需要了解的是现在的多功能一体机越来越被普遍使用，给加工过程带来方便，提高了工作效率。

**4.3.3.3 钢筋加工的安全要求**

1. 钢筋调直的安全要求

（1）用卷扬机拉直钢筋时，操作前必须检查所用的机具及平直设备是否完好正常，冷拉区域内有无障碍物。操作时为防止张拉滑头，张拉机具两端应有挡板，在缺少安全挡板的情况下，操作人员应站在离钢筋两侧2m以外，并不准在张拉机具两端停留，防止钢筋滑头回弹伤人。

（2）使用手绞车拉直钢筋时，开机前应事先检查电气系统及元件有无缺陷，各连接件是否牢固、可靠，各传动部分是否灵活，确认正常后方可进行空载运转，确认运转可靠后才能进料、实验、调直和切断。在操作过程中，严禁打开各防护罩及调整间隙。

2. 钢筋切断的安全要求

（1）使用钢筋切断机切断钢筋时，首先检查机械各部分是否完好，如切刀有无裂纹、刀架是否紧固、防护罩是否牢固等，所切钢筋规格、品种是否符合切断机额定要求。操作中，钢筋应握紧，防止末端摆动伤人。严禁在机械运转中用手清除刀口附近的断头或杂物。钢筋摆动范围和切刀附近，非操作人员不得停留。

（2）在截断短料时，不准手扶，要用1m以上的套管压住钢筋后才准断料。

（3）一旦发现机械运转不正常，有异响或切刀歪斜等情况，应立即停机检修。

3. 钢筋弯曲成形的安全要求

（1）采用人工弯曲时，首先要检查扳手卡口的方正和卡盘、扳柱是否牢固。在操作时扳手要放平，弯曲钢筋时人要压住扳手，防止扳手滑脱伤人。

（2）使用弯曲机时，应检查机械设备是否完好，即芯轴、挡块、转盘有无损伤和裂纹等，机械性能是否与所弯钢筋一致，空载试运行后，检查合格后才能起弯。

（3）弯曲机必须在本机规定的额定工作范围内工作，严禁在弯曲机运转时更换芯轴、销子、调速和变换角度。

（4）操作中，要注意互相配合。严禁在弯曲钢筋作业半径内和机身不设固定销的一侧站人。弯曲好的半成品钢筋要堆放整齐，弯钩要向下。

（5）弯曲机机身应有接地装置，电源接开关箱后，才能接到机械上。

**4.3.3.4 钢筋加工机械操作规程**

1. 钢筋切断机机械操作规程

（1）钢筋必须以刀具的中部进行切断，不得用刀具的上部，以免机体尾部过劳。

（2）钢筋只能用锐利的刀具进行切断。

（3）在机器开动时不允许进行任何修理和校正。

（4）当机器工作时发现有了毛病应立即停机检查，待修理好后方能恢复工作。

（5）当机器运转时禁止进行任何修理工作。

（6）机器运转时禁止取下护罩以免发生事故。

（7）按"十字"作业法即"清洁、润滑、调整、坚固、防腐"保养设备，加强班前、班后检查。

2. 钢筋弯曲机机械操作规程

（1）曲钢筋时，必须根据曲度大小来控制开关。

（2）必须正确地确定好弯曲点位置。保持钢筋平直，不可倾斜。

（3）工作位置要选择易于操作的地方。

（4）同时弯曲数根较长的钢筋时，应作好架子支持。

（5）为了减少量度时间，在台面上可设置标尺。

（6）不同转速内，一次最多能弯曲的根数应符合规定。

（7）按"十字"作业法即"清洁、润滑、调整、坚固、防腐"保养设备，加强班前、班后检查。

3. 钢筋调直机操作规程

（1）设备必须由专人负责，并持证上岗。

（2）作业中操作者不准离开机械过远，上盘、穿丝、引头切断时都必须停机进行。

（3）调直钢筋过程中，当发生钢筋跳出托盘导料槽，顶不到定长机构以及乱丝或钢筋脱架时，应及时按动限位开关，停止切断钢筋，待调整好后方准使用。

（4）每盘钢筋调直到末尾或调直短钢筋时，应手持套管护送钢筋到导向器和调直筒，以免当其自由甩动时发生伤人事故。

（5）调直模未固定、防护罩未盖好前，不准穿入钢筋，以防止开动机器后，调直模飞出伤人。

（6）机械在运转过程中，不得调整滚筒，严禁戴手套操作，并严禁在机械运转过程中进行维修保养作业。

（7）已调直、切断的钢筋，应按规格、根数分成小捆堆放整齐，不准乱堆，以防因钢筋成分、性能不同而造成质量事故，作业完毕，必须切断电源。

（8）严格执行"十字作业方针"，确保机械处于良好工况。

4. 对焊机机械操作规程

（1）操作前，应检查焊机的手柄、压力机构、夹具是否灵活可靠。

（2）通电前必须通水，使电极及次级绕组冷却，同时检查有无漏水现象。

（3）焊接前，应根据所焊钢筋截面，调整两次电压。禁止对焊超过规定直径的钢筋。

（4）焊机所有活动部分应定期加油，以保持良好的润滑。

（5）接触器及继电器应保持清洁，电极触头定期用细砂纸磨光。

（6）焊接后必须随时清除钳口及周围的焊渣溅沫，以保持焊机的清洁。

（7）在 0℃以下工作时，焊机有使用后应用压缩空气吹去冷却管路中的存水，以防水管冻裂或堵塞。

**4.3.3.5** 钢筋除锈、调直、切断、成型

1. 除锈的作用和方法

（1）钢筋除锈的作用。在自然环境中，钢筋表面接触到水和空气，就会在表面结成一层氧化铁，这就是铁锈。生锈的钢筋不能与混凝土很好粘结，从而影响钢筋与混凝土共同受力工作。若锈皮不清除干净，还会继续发展，致使混凝土受到破坏而造成钢筋混凝土结构构件承载力降低，最终混凝土结构耐久性能下降结构构件完全破坏，钢筋的防锈和除锈

是钢筋工非常重要的一项工作。

在预应力混凝土构件中，对预应力钢筋的防锈和除锈要求更为严格。因为在预应力构件中，受力作用主要依靠预应力钢筋与混凝土之间的粘结能力，因此要求构件的预应力钢筋或钢丝表面的油污、锈迹全部清除干净，凡带有氧化锈皮或蜂窝状锈迹的钢丝一律不得使用。

《混凝土结构工程施工质量验收规范》（GB 50204—2002）中 5.2.4 规定："钢筋应平直、无损伤，表面不得有裂纹、油污、颗粒状或片状老锈。"

（2）钢筋除锈的方法。除锈工作应在调直后、弯曲前进行，并应尽量利用冷拉和调直工序进行除锈。钢筋除锈的方法有多种，常用的有人工除锈、钢筋除锈机除锈和酸法除锈。

1）人工除锈。人工除锈的常用方法一般是用钢丝刷、砂盘、麻袋布等轻擦或将钢筋在砂堆上来回拉动除锈。人工砂盘除锈机如图 4-12 所示。

2）机械除锈机除锈。对直径较细的盘条钢筋，通过冷拉和调直过程自动去锈；粗钢筋采用圆盘钢丝刷除锈机除锈。

钢筋除锈机有固定式和移动式两种，一般由钢筋加工单位自制，是由动力带动圆盘钢丝刷高速旋转，来清刷钢筋上的铁锈。

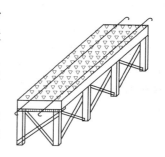

图 4-12　人工砂盘除锈机

固定式钢筋除锈机一般安装一个圆盘钢丝刷，如图 4-13 所示。

为提高效率，也可将两台除锈机组合，如图 4-14 所示。

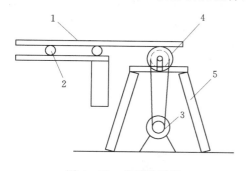

图 4-13　机械除锈机

1—钢筋；2—滚筒；3—电动机；4—钢丝刷；5—支架

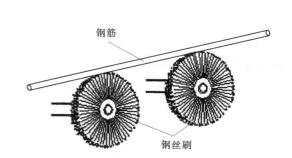

图 4-14　除锈机组合

喷砂法除锈。喷砂法除锈主要是用空压机、储砂罐、喷砂管、喷头等设备，利用空压机产生的强大气流形成高压砂流除锈，适用于大量除锈工作，除锈效果好。

3）酸洗法除锈。当钢筋需要进行冷拔加工时，用酸洗法除锈。酸洗除锈是将盘圆钢筋放入硫酸或盐酸溶液中，经化学反应去除铁锈；但在酸洗除锈前，通常先进行机械除锈，这样程序可以缩短 50% 的酸洗时间，节约 80% 以上的酸液。酸洗除锈流程和技术参数见表 4-2。

表 4 - 2　　　　　　　　　　　　　　酸洗除锈流程和技术参数

| 工序名称 | 时间/min | 设备及技术参数 |
|---|---|---|
| 机械除锈 | 5 | 倒盘机，φ6 台班产量约 5～6t |
| 酸洗 | 20 | 1. 硫酸液浓度：循环酸洗法 15%左右<br>2. 酸洗温度：50～70℃用蒸汽加热 |
| 清洗及上水锈 | 30 | 压力水冲洗 3～5min，清水淋洗 20～25min |
| 沾石灰肥皂浆 | 5 | 1. 石灰肥皂浆配制：石灰水 100kg，动物油 15～20kg，肥皂粉 3～4kg，水 350～400kg<br>2. 石灰肥皂浆温度，用蒸汽加热 |
| 干燥 | 120～240 | 阳光下自然干燥 |

**2. 钢筋平直**

弯曲不直的钢筋在混凝土中不能与混凝土共同工作而导致混凝土出现裂缝，以至于产生不应有的破坏。如果用未经调直的钢筋来断料，断料钢筋的长度不可能准确，从而会影响到钢筋成型，绑扎安装等一系列工序的准确性。因此钢筋调直是钢筋加工中不可缺少的工序。

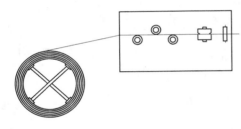

图 4 - 15　导轮牵引调直

（1）手工平直。直径在 10mm 以下的盘条钢筋，在施工现场一般采用手工调直钢筋。对于冷拔低碳钢丝，可通过导轮牵引调直，这种方法示意如图 4 - 15 所示。

如牵引过轮的钢丝还存在局部慢弯，可用小锤敲打平直；也可以使用蛇形管调直，将蛇形管固定在支架上，需要调直的钢丝穿过蛇形管，用人力向前牵引，即可将钢丝基本调直，局部慢弯处可用小锤加以平直，见图 4 - 16。

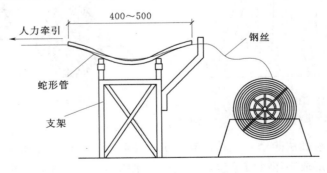

图 4 - 16　蛇形管调直架

盘条筋可采用绞盘拉直，示意见图 4 - 17。对于直条粗钢筋一般弯曲较缓，可就势用手扳子扳直。

（2）机械平直。机械平直是通过钢筋调直机（一般也有切断钢筋的功能，因此通称钢筋调直切断机）实现的，这类设备适用于处理冷拔低碳钢丝和直径不大于 14mm 的细钢筋，都有国家定型产品。

粗钢筋也可以应用机械平直。由于没有国家定型设备，故对于工作量很大的单位，可自制平直机械，一般制成机械锤型式，用平直锤锤压弯折部位。粗钢筋也可以利用卷扬机结合冷拉工序进行平直。根据《混凝土结构工程施工质量验收规范》（GB 50204—2002）中

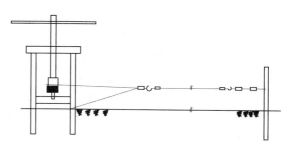

图 4-17　绞盘拉直装置示意图

5.2.4："弯折钢筋不得调直后作为受力钢筋使用"，因此粗钢筋应注意在运输、加工、安装过程中的保护，弯折后经调直的粗钢筋只能作为非受力钢筋使用。

细钢筋用的钢筋调直机有多种型号，按所能调直切断的钢筋直径区分，常用的有三种：GT1.6/4、GT3/8、GT6/12。另有一种可调直直径更大的钢筋，型号为 GT10/16（型号标志中斜线两侧数字表示所能调直切断的钢筋直径大小上下限。一般称直径不大于14mm 的钢筋为"细钢筋"）。

钢筋调直的操作要点主要是：

（1）检查。每天工作前要先检查电气系统及其元件有无毛病，各种连接零件是否牢固可靠，各传动部分是否灵活，确认正常后方可进行试运转。

（2）试运转。首先从空载开始，确认运转可靠之后才可以进料、试验调直和切断。首先要将盘条的端头锤打平直，然后再将它从导向套推进机器内。

（3）试断筋。为保证断料长度合适，应机器开动后试断三四根钢筋检查，以便出现偏差能得到提前的及时纠正（调整限位开关或定尺板）。

（4）安全要求。盘圆钢筋放入放圈架上要平稳，如有乱丝或钢筋脱架时，必须停车处理。操作人员不能离机械过远，以防以生故障，不能立即停车造成事故。

（5）安装承料架。承料架槽中心线应对准导向套、调直筒和剪切孔槽中心线，并保持平直。

（6）安装切刀。安装滑动刀台上的固定切刀，保证其位置正确。

（7）安装导向管。在导向套前部，安装 1 根长度约为 1m 的导向钢管，需调直的钢筋应先穿入该钢管，然后穿过导向套和调直筒，以防止每盘钢筋接近调直完毕时其端头弹出伤人。

　　3. 钢筋的切断

钢筋经调直后，即可按下料长度进行切断。钢筋切断前，应有计划，根据工地的材料情况确定下料方案，确保钢筋的品种、规格、尺寸、外形符合设计要求。切断时，精打细算，长料长用，短料短用，使下脚料的长度最短。切剩的短料可作为电焊接头的绑条或其他辅助短钢筋使用，力求减少钢筋的损耗。

（1）切断前的准备工作。钢筋切断前应做好以下准备工作，以求获得最佳的经济效果。

1）复核：根据钢筋配料单，复核料牌上所标注的钢筋直径、尺寸、根数是否正确。

2）下料方案：根据工地的库存钢筋情况作好下料方案，长短搭配，尽量减少损耗。

3）量度准确：避免使用短尺量长料，防止产生累计误差。

4）试切钢筋：调试好切断设备，试切1~2根，尺寸无误后再成批加工。

（2）切断方法。钢筋切断方法分为人工切断与机械切断。

1）人工切断。切断钢丝可用断线钳，切断直径为16mm以下的Ⅰ级钢筋可用手压切断器。这种切断器一般可自制，由固定刀口、活动刀口、边夹板、把柄、底座等组成。

2）机械切断。常用的钢筋切断机械有GQ40，其他还有GQ12、GQ20、GQ35、GQ25、GQ32、GQ50、GQ65型，型号的数字表示可切断钢筋的最大公称直径。

a. GQ40钢筋切断机每次切断钢筋根数见表4-3。

表4-3　　　　　　　　　　　　钢筋切断机每次切断钢筋根数

| 钢筋直径/mm | 5.5~8 | 9~12 | 13~16 | 18~20 | 20以上 |
|---|---|---|---|---|---|
| 可切断根数 | 12~8 | 6~4 | 3 | 2 | 1 |

b. 钢筋切断注意事项。

检查：使用前应检查刀片安装是否牢固，润滑油是否充足，并应在开机空转正常以后再进行操作。

切断：钢筋应调直以后再切断，钢筋与刀口应垂直。

安全：断料时应握紧钢筋，待活动刀片后退时及时将钢筋送进刀口，不要在活动刀片已开始向前推进时，向刀口送料，以免断料不准，甚至发生机械及人身事故；长度在30cm以内的短料，不能直接用手送料切断；禁止切断超过切断机技术性能规定的钢材以及超过刀片硬度或烧红的钢筋；切断钢筋后，刀口处的屑渣不能直接用手清除或用嘴吹，而应用毛刷刷干。

4. 钢筋弯曲成型

弯曲成型是将已切断、配好的钢筋按照施工图纸的要求加工成规定的形状尺寸。钢筋弯曲成型的顺序是：准备工作→划线→样件→弯曲成型。弯曲分为人工弯曲和机械弯曲两种。

（1）准备工作。钢筋弯曲成型成什么样的形状、要求各部分的尺寸是多少，主要依据钢筋配料单，这是最基本的操作依据。

1）配料单的制备。

2）料牌。用木板或纤维板制成，将每一编号钢筋的有关资料：工程名称、图号、钢筋编号、根数、规格、式样以及下料长度等写注于料牌的两面，以便随着工艺流程一道工序一道工序地传送，最后将加工好的钢筋系上料牌。

（2）划线。在弯曲成型之前，除应熟悉待加工钢筋的规格、形状和各部尺寸，确定弯曲操作步骤及准备工具等之外，还需将钢筋的各段长度尺寸画在钢筋上。

精确画线的方法是，大批量加工时，应根据钢筋的弯曲类型、弯曲角度、弯曲半径、扳距等因素，分别计算各段尺寸，再根据各段尺寸分段画线。这种画线方法比较繁琐。现场小批量的钢筋加工，常采用简便的画线方法：即在画钢筋的分段尺寸时，将不同角度的弯折量度差在弯曲操作方向相反的一侧长度内扣除，画上分段尺寸线，这条线称为弯曲点线。根据弯曲点线并按规定方向弯曲得到的成型钢筋，基本与设计图要求的尺寸相符。

现以梁中弯起钢筋为例，说明弯曲点线的画线方法，见图4-18。

图4-18 弯起钢筋实例图

第一步，在钢筋的中心线画第一道线见图4-19中的①号点。

图4-19 弯曲点线画线示意图

第二步，取中段（3400）的$1/2$减去$0.25d_0$，即在$1700-4.5=1695.5$mm处画第二道线，见图4-19中的②号点。

第三步，取斜长（566）减去$0.25d_0$，即在$566-4.5=561.5$mm处画第三道线，见图4-19中的③号点。

第四步，取直段长（890）减去$1d_0$，即在$890-18=872$mm处画第四道线，见图4-19中的④号点。

以上各线段即钢筋的弯曲点线，弯制钢筋时即按这些线段进行弯制。弯曲角度须在工作台上放出大样。

弯制形状比较简单或同一形状根数较多的钢筋，可以不画线，而在工作台上按各段尺寸要求，固定若干标志，按标准操作。此法工效较高。

（3）样件。弯曲钢筋画线后，即可试弯1根，以检查画线的结果是否符合设计要求。如不符合，应对弯曲顺序、画线、弯曲标志、扳距等进行调整，待调整合格后方可成批弯制。

（4）弯曲成型。

1）手工弯曲成型。

a. 工具和设备。

（a）工作台。钢筋弯曲应在工作台上进行。工作台的宽度通常为800mm，长度视钢筋种类而定，弯细钢筋时一般为4000mm，弯粗钢筋时可为8000mm，台高一般为900～1000mm。

（b）手摇扳。它由钢板底盘、扳柱、扳手组成，用来弯制直径在12mm以下的钢筋，操作前应将底盘固定在工作台上，其底盘表面应与工作台面平直。手摇扳有弯单根钢筋的手摇扳，也有可以同时弯制多根钢筋的手摇扳。

（c）卡盘。卡盘用来弯制粗钢筋，它由钢板底盘和扳柱组成。扳柱焊在底盘上，底盘需固定在工作台上。四扳柱的卡盘，扳柱水平净距约为100mm，垂直方向净距约为34mm，可弯曲直径为32mm钢筋。三扳柱的卡盘，扳柱的两斜边净距为100mm左右，底边净距约为 80mm。这种卡盘不需配钢套，扳柱的直径视所弯钢筋的粗细而定。一般直径为 20～25mm 的钢筋，可用厚 12mm 的钢板制作卡盘底板。

（d）钢筋扳子。钢筋扳子是弯制钢筋的工具，它主要与卡盘配合使用，分为横口扳子和顺口扳子两种。横口扳子又有平头和弯头之分，弯头横口扳子仅在绑扎钢筋时作为纠正钢筋位置用。

钢筋扳子的扳口尺寸比弯制的负直径大 2mm 较为合适。弯曲钢筋时，应配有各种规格的扳子。

b. 手工弯曲成型步骤。为了保证钢筋弯曲形状正确，弯曲弧准确，操作时扳子部分不碰扳柱，扳子与扳柱间应保持一定距离。一般扳子与扳柱之间的距离，可参考表 4 - 4 所列的数值来确定。

表 4 - 4　　　　　　　　　　扳子与扳柱之间的距离

| 弯曲角度 | 45° | 90° | 135° | 180° |
|---|---|---|---|---|
| 扳距 | $(1.2\sim2)d_0$ | $(2.5\sim3)d_0$ | $(3\sim3.5)d_0$ | $(3.5\sim4)d_0$ |

扳距、弯曲点线和扳柱的关系如图 4 - 20 所示。弯曲点线在扳柱钢筋上的位置为：弯 90°以内的角度时，弯曲点线可与扳柱外缘持平；当弯 135°～180°的角度时，弯曲点线距扳柱边缘的距离约为 $d_0$。

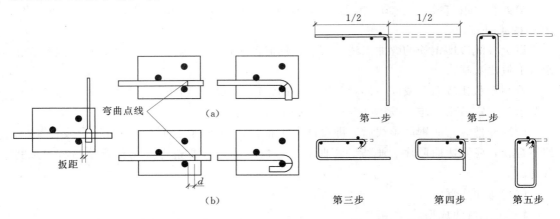

图 4 - 20　扳距、弯曲点线和扳柱的关系图　　　图 4 - 21　箍筋弯曲成型步骤图

不同钢筋的弯曲步骤分述如下：

（a）箍筋的弯曲成型。箍筋弯曲成型步骤，分为五步，见图 4 - 21 所示。在操作前，首先要在手摇扳的左侧工作台上标出钢筋 1/2 长、箍筋长边内侧长和短边内侧长（也可以标长边外侧长和短边外侧长）三个标志。

a）在钢筋 1/2 长处弯折 90°；

b）弯折短边 90°；

c）弯长边 135°弯钩；

d）弯短边 90°弯折；

e）弯短边 135°弯钩。

因为第 c)、e) 步的弯钩角度大，所以要比 b)、d) 步操作时靠标志略松些，预留一些长度，以免箍筋不方正。

（b）弯起钢筋的弯曲成型。弯起钢筋的弯曲成型见图 4-22 所示。一般弯起钢筋长度较大，故通常在工作台两端设置卡盘，分别在工作台两端同时完成成型工序。

当钢筋的弯曲形状比较复杂时，可预先放出实样，再用扒钉钉在工作台上，以控制各个弯转角，见图 4-22 所示。首先在钢筋中段弯曲处钉两个扒钉，弯第一对 45°弯；第二步在钢筋上段弯曲处钉两个扒钉，弯第二对 45°弯；第三步在钢筋弯钩处钉两个扒钉，弯两对弯钩；最后起出扒钉。这种成型方法，形状较准确，平面平整。

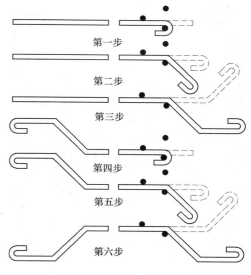

图 4-22　弯起钢筋成型步骤图

各种不同钢筋弯折时，常将端部弯钩作为最后一个弯折程序，这样可以将配料弯折过程中的误差留在弯钩内，不致影响钢筋的整体质量。

图 4-23　钢筋扒钉成型图

c. 手工弯曲操作要点。

（a）弯制钢筋时，扳子一定要托平，不能上下摆，以免弯出的钢筋产生翘曲。

（b）操作电动机注意放正弯曲点，搭好扳手，注意扳距，以保证弯制后的钢筋形状、尺寸准确。起弯时用力要慢，防止扳手脱落。结束时要平稳，掌握好弯曲位置，防止弯过头或弯不到位。

（c）不允许在高空或脚手扳上弯制粗钢筋，避免因弯制钢筋脱扳而造成坠落事故。

（d）在弯曲配筋密集的构件钢筋时，要严格控制钢筋各段尺寸及起弯角度，每种编号钢筋应试弯一个，安装合适后再成批生产。

2）机械弯曲成型。

a. 常用的钢筋弯曲机可弯曲钢筋最大公称直径为 40mm，用 GW40 表示型号；其他还有 GW12、GW20、GW25、GW32、GW50、GW65 等，型号的数字标志可弯曲钢筋的最大公称直径。

各种钢筋弯曲机可弯曲钢筋直径是按抗拉强度为 $450N/mm^2$ 的钢筋取值的，对于级别较高、直径较大的钢筋，如果用 GW40 型钢筋弯曲机不能胜任，就可采用 GW50 型的来弯曲。最普遍通用的 GW40 型钢筋弯曲机的上视图如图 4-24 所示。

更换传动轮，可使工作盘得到三种转速，弯曲直径较大的钢筋必须使转速放慢，以免损坏设备。在不同转速的情况下，一次最多能弯曲的钢筋根数按其直径的大小应按弯曲机的说明书执行。弯曲机的操作过程如图 4-25 所示。

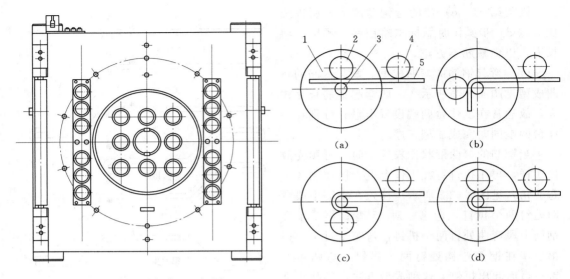

图 4-24　机械弯曲机上视图

图 4-25　弯曲机的操作过程

1—工作盘；2—成型轴；3—心轴；4—挡铁轴；5—钢筋

b. 钢筋弯曲机操作要点：

（a）对操作人员进行岗前培训和岗位教育，严格执行操作规程。

（b）操作前要对机械各部件进行全面检查以及试运转，并查点齿轮、轴套等备是否齐全。

（c）要熟悉倒顺开关的使用方法以及所控制的工作盘旋转方向，使钢筋的放置与成型轴、挡铁轴的位置相应配合。

（d）使用钢筋弯曲机时，应先作试弯以摸索规律。

（e）钢筋在弯曲机上进行弯曲时，其形成的圆弧弯曲直径是借助于心轴直径实现的，因此要根据钢筋粗细和所要求的圆弧弯曲直径大小，更换相应大小的心轴轴套。

（f）为了适应钢筋直径和心轴直径的变化，应在成型轴上加一个偏心套，以调节心轴、钢筋和成型轴三者之间的间隙。

（g）严禁在机械运转过程中更换心轴、成型轴、挡铁轴，或进行清扫、注油。

（h）弯曲较长的钢筋应有专人帮助扶持，帮助人员就听从指挥，不得任意推送。

（5）成品管理。对钢筋加工工序而言，弯曲成型后的钢筋就算是"成品"。

1）成品质量。弯曲成型后的钢筋质量必须通过加工操作人员自检；进入成品仓库的钢筋要由专职质量检查人员复检合格方可。

钢筋加工的质量按照《混凝土结构工程施工质量验收规范》（GB 50204—2002）的规定，应符合下列要求：

a. 受力钢筋的弯钩和弯折应符合下列规定：

（a）HPB235 级钢筋末端应作 180°弯钩，其弯弧内直径不应小于钢筋直径的 2.5 倍，弯钩的弯后平直部分长度不应小于钢筋直径的 3 倍。

（b）当设计要求钢筋末端需作 135°弯钩时，HRB335 级 HRB400 级钢筋的弯弧内直径不应小于钢筋直径的 4 倍，弯钩后平直部分长度应符合设计要求。

（c）钢筋作不大于 90°弯折时弯折处的弯弧内直径不应小于钢筋直径的 5 倍。

b. 除焊接封闭式箍筋外，箍筋的末端应作弯钩，且应符合设计要求；设计无要求时：

（a）箍筋弯钩的弯弧内直径除应满足上述规定外，尚应不小于受力钢筋直径。

（b）箍筋弯钩的弯折角度：对一般结构，不应小于 90°；对有抗震要求的结构，不应小于 135°。

（c）箍筋弯后平直部分长度：对一般结构，不宜小于箍筋直径的 5 倍；对有抗震要求的结构，不宜小于箍筋直径的 10 倍。钢筋加工的允许偏差应符合表 4 - 5 的规定。

表 4 - 5　　　　　　　　　　　　钢筋加工的允许偏差

| 项目 | 允许偏差/mm | 项目 | 允许偏差/mm |
|---|---|---|---|
| 受力钢筋顺长度方向全长的净尺寸 | ±10 | 箍筋内净尺寸 | ±5 |
| 弯起钢筋的弯折位置 | ±20 | | |

2）管理要点。

a. 弯曲成型的钢筋必须轻抬轻放，避免产生变形；经过验收检查合格后，成品应按编号拴上料牌，并应特别注意缩尺钢筋的料牌勿使遗漏。

b. 清点某一编号钢筋成品无误后，在指定的堆放地点，要按编号分隔整齐堆入，并标识所属工程名称。

c. 钢筋成品应堆放在库房里，库房应防雨防水，地面保持干燥，并作好支垫。

d. 与安装班组联系好，按工程名称、部位及钢筋编号，需顺序堆放，防止先用的被压在下面，使用时因翻垛而造成钢筋变形。

# 4.4　实训作业及评分标准

## 4.4.1　问题讨论

5～6 人一组，认真阅读相关知识，讨论完成下列作业，选出代表，回答问题，教师进行讲评。

（1）对钢筋的加工，有哪些安全要求？

（2）细钢筋如何进行人工调直？

（3）粗钢筋如何进行人工调直？

（4）钢筋调直机的作用、操作要点及要求有哪些？

（5）钢筋调直的质量要求有哪些？

（6）钢筋切断的方法有哪几种？各有何特点？

（7）规范对切割方式有哪些规定？

（8）钢筋切断机的操作要点有哪些？

（9）钢筋切断前应做好哪些准备工作？

（10）钢筋弯曲方法有哪几种？各有何特点？钢筋弯曲成型的操作程序有哪些？

（11）手工弯曲成型的工具和设备有哪些？其操作要点是什么？

（12）箍筋的弯曲成型工艺步骤有哪些？

（13）弯起钢筋的弯曲成型工艺步骤有哪些？

（14）手工弯曲成型时的注意事项有哪些？

（15）机械弯曲常用的弯曲机具有哪些？其操作要点及安全技术要求有哪些？

（16）钢筋弯曲成型的质量要求是什么？其成品如何管理？

## 4.4.2 填写表格

5～6人一组，进行钢筋的现场加工并且进行质量检验，完成表4-6。

表 4-6 质 量 检 验 表 格

| 序号 | 工作 | 方法、工具或机械 | 成果检验 | 允许偏差 | 实际偏差 |
|------|------|------------------|----------|----------|----------|
|      |      |                  |          |          |          |
|      |      |                  |          |          |          |
|      |      |                  |          |          |          |
|      |      |                  |          |          |          |

### 4.4.3 评分标准

评分标准见表 4-7。

表 4-7

评 分 标 准

| 项次 | 项目 | 检查方法 | 评分标准 | 应得分 | 实得分 |
|---|---|---|---|---|---|
| 1 | 问题回答 | 互相检查对比 | 视回答情况、成果酌情扣分 | 40 | |
| 2 | 钢筋调直、除锈 | 互相检查对比 | 视成果酌情扣分 | 10 | |
| 3 | 钢筋切断 | 互相检查对比 | 视成果酌情扣分 | 10 | |
| 4 | 钢筋弯曲 | 互相检查对比 | 视成果酌情扣分 | 20 | |
| 5 | 团结协作、积极参与 | 目测 | | 10 | |
| 6 | 文明操作 | 目测 | | 5 | |
| 7 | 综合印象 | 目测 | | 5 | |

# 项目 5　钢筋连接与安装

## 5.1　实　训　目　的

（1）熟悉基础、柱、梁钢筋的连接方法、特点及质量控制，并掌握其操作方法。

（2）熟练进行基础、柱、梁钢筋的绑扎。

## 5.2　实　训　任　务

要求学生根据项目 4 加工的钢筋及附录基础、柱、梁的配筋图在实训基地对基础、柱、梁钢筋进行绑扎。

## 5.3　实　训　准　备

### 5.3.1　实训材料准备

各种成型钢筋、镀锌铁丝、垫块。

### 5.3.2　实训工具准备

钢筋钩子、撬棍、扳子、绑扎架、钢卷尺、粉笔、墨斗等。

### 5.3.3　知识准备

从钢厂生产出来的钢筋，直径在 12mm 以下时为盘圆钢筋，直径 12mm 以上的钢筋，一般为 9~12m 长的钢筋直条，在长度上往往不能满足实际施工的要求，这就需要接长使用。钢筋的连接方式可分为三类：绑扎连接、焊接和机械连接。焊接接头不但质量好，而且节约钢材。在钢筋加工中，应优先采用焊接接头。但在加工设备受到限制的情况下，绑扎接头仍是普遍采用的方法。钢筋机械连接接头质量可靠，现场操作简单，施工速度快，无明火作业，不受气候影响，适应性强，而且可用于可焊性较差的钢筋。纵向受力钢筋的连接方式应符合设计要求。机械连接接头和焊接连接接头的类型及质量应符合国家现行标准的规定。

#### 5.3.3.1　钢筋连接方式及特点

1. 焊接连接

焊接是钢筋连接最常用的一种连接方式。它具有连接强度高，节省钢材的优点。钢筋常用的焊接方法有闪光对焊、电渣压力焊、电弧焊、埋弧压力焊、电阻点焊和气压焊等。埋弧压力焊用于钢筋和钢板的连接，电阻点焊用于交叉钢筋的连接。焊接连接最重要的是要确保焊接的质量，每批钢筋焊接前，应进行现场焊接性能实验，合格后方可正式进行焊接。

（1）焊前准备。焊前准备工作的好坏直接影响焊接质量，为了防止焊接接头产生夹渣、气孔等缺陷，在焊接区域内，钢筋焊接施工之前，应清除钢筋、钢板焊接部位以及钢筋与电极接触处表面上的锈斑、油污、杂物等；当钢筋端部有弯折、扭曲时，应予以调直或切除。

（2）焊接工艺实验。在工程开工正式焊接之前，参与该项施焊的焊工，应进行现场条件下的焊接工艺实验，并经检验合格后，方可正式生产。实验结果应符合质量检验与验收时的要求。

采用施工相同条件进行焊接工艺实验，以了解钢筋焊接性能，选择最佳焊接参数，以及掌握承担施工的焊工的技术水平。每种牌号、每种规格钢筋至少做一组试件。若第一次未通过，应改进工艺，调整参数，直至合格为止。采用的焊接工艺参数应做好记录，以备查考。

接头试件力学性能实验结果应符合质量检验与验收时的要求。

（3）焊接电源电压。进行电阻点焊、闪光对焊、电渣压力焊时，应随时观察电源电压的波动情况。当电源电压下降大于5%、小于8%时，应采取提高焊接变压器级数的措施；当不小于8%时，不得进行焊接。在现场施工时，由于用电设备多，往往造成电压降较大。为此要求焊接电源的开关箱内，装设电压表，焊工可随时观察电压波动情况，及时调整焊接参数，以保证焊接质量。

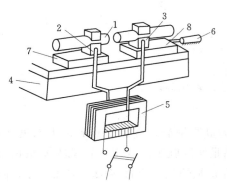

图5-1　钢筋闪光对焊原理
1—焊接的钢筋；2—固定电极；3—可动电极；
4—机座；5—变压器；6—平动顶压机构；
7—固定支座；8—滑动支座

1）闪光对焊。闪光对焊是将两根钢筋安放成对接形式，利用焊接电流通过两根钢筋接触点产生的电阻热使接触点金属熔化，形成闪光，火花四溅，迅速施加顶锻力完成的一种压焊方法，如图5-1所示。闪光对焊适用于纵向水平钢筋的连接。

2）电弧焊。电弧焊是利用弧焊机使焊条与焊件之间产生高温电弧，使焊条和电弧燃烧范围内的焊件熔化，待其凝固便形成焊缝或接头。

电弧焊广泛用于钢筋接头与钢筋骨架焊接、装配式结构接头焊接、钢筋与钢板焊接及各种钢结构焊接。

弧焊机有直流与交流之分，常用的是交流弧焊机。

焊条的种类很多，根据钢材等级和焊接接头形式选择焊条，如结420、结500等。

焊接电流和焊条直径应根据钢筋级别、直径、接头形式和焊接位置进行选择。

3）电渣压力焊。电渣压力焊是利用电流通过渣池产生的电阻热将钢筋端部熔化，然后施加压力使钢筋焊合。

钢筋电渣压力焊分手工操作和自动控制两种。采用自动电渣压力焊时，主要设备是自动电渣焊机。

4）电阻点焊。主要用于钢筋的交叉连接，如焊接钢筋网片、钢筋骨架。

它生产效率高，节约材料，应用广泛。常用点焊机有：①单点点焊机；②多头点焊机；③悬挂式点焊机；④手提式点焊机。

5）气压焊。气压焊接钢筋是利用乙炔-氧混合气体燃烧的高温火焰对已有初始压力的两根钢筋端面接合处加热，使钢筋端部产生塑性变形，并促使钢筋端面的金属原子互相扩散，当钢筋加热到约 $1250\sim1350℃$ 时进行加压顶锻，使钢筋内的原子得以再结晶而焊接在一起。

特点：设备轻巧、使用灵活、效率高、节省电能、焊接成本低，不会使钢筋出现材质劣化倾向，可进行全方位（竖向、水平、斜向）焊接。

6）埋弧焊。埋弧压力焊是利用焊剂层下的电弧，将两焊件相邻部位熔化，然后加压顶锻使两焊件焊合，多用于钢板连接。焊后钢板具有变形小、抗拉强度高的特点。

2. 钢筋机械连接

钢筋机械连接是指通过连接件的机械咬合作用或钢筋端面的承压作用，将一根钢筋中的力传递至另一根钢筋的连接方法。其优点是接头质量稳定可靠；操作简便，施工速度快，不受气候影响；施工安全等。

钢筋机械连接分为冷挤压套筒连接、锥螺纹套筒连接、直螺纹套筒连接等。

（1）冷挤压套筒连接。冷挤压套筒连接是把两根待接钢筋的端头先插入一个优质钢套管，然后用挤压机在侧向加压数道，套筒塑性变形后即与带肋钢筋紧密咬合达到连接的目的。钢筋套筒挤压连接如图 5-2 所示。

钢筋挤压连接分为两道工序：第一道工序是先在地面上把每根待连接的钢筋一端按要求与套管的一半压好；第二道工序是压好一半接头的钢筋插到已待接的钢筋端部，然后用挤压钳压好，这样就完成了整个接头的挤压工作。

挤压接头必须从套筒的中部按标记向端部顺序挤压。

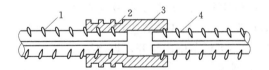

图 5-2　钢筋冷挤压套筒连接
1—已挤压的钢筋；2—压痕道数；3—钢套筒；
4—未挤压的钢筋

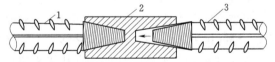

图 5-3　钢筋锥螺纹套筒连接
1、3—变形钢筋；2—锥形螺纹套筒

（2）锥螺纹套筒连接。锥螺纹套筒连接是用锥形纹套筒将两根钢筋端头对接在一起，利用螺纹的机械咬合力传递拉力或压力。所用的设备主要是套丝机，通常安放在现场对钢筋端头进行套丝。钢筋锥螺纹套筒连接如图 5-3 所示。

（3）直螺纹套筒连接。直螺纹套筒连接是近年来开发的一种新的螺纹连接方式。它先把钢筋端部镦粗，然后再切削直螺纹，最后用套筒实行钢筋对接。钢筋直螺纹套筒连接如图 5-4

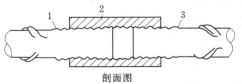

剖面图

图 5-4　钢筋直螺纹套筒连接
1—已连接的钢筋；2—直螺纹套筒；
3—正在拧入的钢筋

所示。

等强直螺纹接头制作工艺分下列几个步骤：钢筋端部镦粗；切削直螺纹；用连接套筒对接钢筋。

直螺纹接头的优点：强度高；接头强度不受扭紧力矩影响；连接速度快；应用范围广；经济；便于管理。

3. 钢筋绑扎连接

（1）概述。绑扎连接是钢筋接头中最简单的方法。它是将钢筋按规定的搭接长度，用扎丝在搭接部分的中间与两头三点扎牢就行了。每个扎点最好用两根扎丝。

单根钢筋绑扎的方法如图 5-5 所示。其接头的搭接长度应满足以下要求：

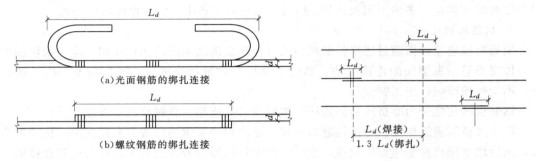

图 5-5　单根钢筋绑扎的方法　　　　　图 5-6　钢筋接头位置错开示意图

$L_d$—钢筋绑扎接头的搭接长度；$d$—被绑扎钢筋的直径

1）钢筋绑扎接头长度在设计图中一般有明确规定。一般视不同部位的钢筋，取钢筋直径的整数倍，如 $42d$。

2）对两根直径不同的钢筋做绑扎接头时，搭接长度 $L_d$ 按较细钢筋直径计算。

3）受拉钢筋绑扎接头的末端应做成弯钩，螺纹钢筋的接头可以不做成弯钩。

设置在同一构件内的钢筋，为使接头位置受力较为均匀，接头位置应相互错开。如图 5-6所示，绑扎接头从任一接头中心至搭接长度 $L_d$ 的 1.3 倍区域范围内错开，焊接接头错开 $L_d$。

为了保证构件的受力性能，绑扎接头应符合下列规定：

1）绑扎接头在构件中本来就是一个比较薄弱的部位，因此，应把它放在受力比较小的截面里。例如，简支梁跨度中间受力最大，绑扎接头就不能放在中间，而应放在梁两端1/3 范围内，且不宜放在弯起钢筋的弯折处。距弯折处的距离应不小于钢筋直径的 10 倍。

2）钢筋的绑扎接头不允许集中在构件的某一截面上。按规范规定，受力钢筋的绑扎接头位置应相互错开。在受力钢筋直径 30 倍区段范围内（不小于 500mm），有绑扎接头的受力钢筋截面面积占受力总面积的百分率为：在受拉区不得超过 25%，在受压区不得超过 50%。在分不清受拉区和受压区的情况下，都应按受拉区的规定处理。

3）在任何情况下，受拉钢筋的搭接长度不应小于 300mm，受压钢筋的搭接长度不应小于 200mm。

4）绑扎接头是依靠钢筋的搭接长度在混凝土中的锚固作用来传递内力的。对于大型构件中仅仅依靠钢筋的搭接长度来传递内力是不够的，同时搭接的长度也太长，浪费钢筋太多。因此，绑扎接头的使用就要受到一定的限制。当受拉钢筋的直径 $d > 32mm$ 时，不宜采用绑扎搭接接头。在轴心受拉和小偏心的受拉杆件（如屋架下弦杆、受拉腹杆）中以及承受中、重级工作吊车的钢筋混凝土吊车梁的受拉主筋等，一律不得采用绑扎接头。

钢筋绑扎的工具主要有：

1）钢筋钩或钳子。钢筋钩或钳子是绑扎钢筋时使用的工具。钢筋钩有多种形式，其中以套筒活把式最好用。钢筋钩常见形式如图5-7所示。

钢筋钩柄直径一般为10～16mm，长约150～170mm。活把式的钩柄外有套筒绑扎钢筋时转动灵活又省力。

2）小撬棍。小撬棍是绑扎、安装钢筋网或架时，用来调整钢筋间距，矫正钢筋的部分弯曲用的，如图5-8所示。

3）绑扎架。为了确保绑扎质量，绑扎钢筋骨架必须用钢筋绑扎架，可用钢管和钢筋制成。根据绑扎骨架的轻重、形状，可选用轻型骨架绑扎架，适用于绑扎过梁、空心板等钢筋骨架；重型骨架绑扎架，适用于绑扎重型钢筋

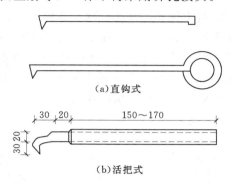

(a)直钩式

(b)活把式

图5-7 钢筋钩常见形式示意图

骨架。也有坡式骨架绑扎架，具有重量轻、用钢量省、施工方便（扎好的钢筋骨架可以沿绑扎架的斜坡下滑）等优点，适用于绑扎各种钢筋骨架。轻型骨架绑扎架和重型骨架绑扎架如图5-9和图5-10所示。

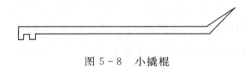

图5-8 小撬棍

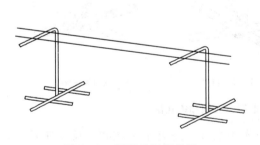

图5-9 轻型骨架绑扎架

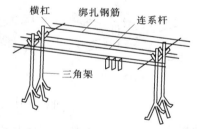

图5-10 重型骨架绑扎架

4）起拱扳子。在绑扎楼板钢筋时，用于现场弯制楼板弯起钢筋。起拱扳子及操作如图5-11所示。

钢筋绑扎的材料主要有：

1）扎丝。捆绑钢筋用的铁丝又称扎丝。一般扎丝用20～22号铁丝（火烧丝）或镀锌铁丝，22号铁丝只用于绑扎直径12mm以下的钢筋。扎丝长度一般选用120～400mm，需绑扎的钢筋粗就长一些，反之，则短一些。扎丝成品是成盘的，故习惯上不需拉开，而是按每整盘扎丝的几分之一来切断，这样剪短的扎丝长度均匀，方便

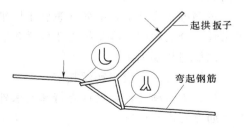

图5-11 起拱扳子及操作

使用。绑扎前要准备足够数量的扎丝。

2）垫块。垫块是事先预制好的混凝土块，它用来控制混凝土保护层厚度，其厚度应与混凝土保护层厚度一致。垫块垫在绑扎好的钢筋骨架底下或侧面混凝土建筑后就与混凝土保护层成为一体。垫块厚度在 20mm 以下时，长×宽＝30mm×30mm；厚度在 20mm以上时，长×宽＝50mm×50mm。当混凝土垫块需要绑扎在钢筋侧面时，要将铁丝预先预制在垫块内，然后绑扎在钢筋上，如图 5-12 所示。要保证混凝土垫块强度，以免被钢筋压碎，起不到垫块的作用。

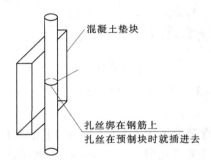

混凝土垫块

扎丝绑在钢筋上

扎丝在预制块时就插进去

图 5-12　垫块侧面绑扎在钢筋上

钢筋绑扎的操作方法为：钢筋的绑扎是使用钢筋钩用扎丝把各种钢筋绑扎成整体骨架的，扎丝在钢筋连接点上缠绕形成绑扣。绑扎时用力过大，绑扣过紧，扎丝会断；用力过小，绑扣过松，钢筋的连接就不准确和牢固，钢筋骨架就不能符合设计要求。为了恰当地使用绑扎工艺，在生产实践中，人们总结了各种不同的绑扣形式，它们适用于不同形式的钢筋连接。

一面顺扣操作法：这是最常用的方法，具体操作如图 5-13 所示。绑扎时先将铁丝扣穿套钢筋交叉点，接着用钢筋钩钩住铜丝弯成圆圈的一端，旋转钢筋钩，一般旋 1.5～2.5 转即可，丝要短，才能少转快扎。这种方法操作简便，绑点牢靠，适用于钢筋网、架各个部位的绑扎。

(a)第一步　　　　　　　(b)第二步　　　　　　　(c)第三步

图 5-13　钢筋一面顺扣绑扎法

其他操作法：钢筋绑扎除一面顺扣操作法之外，还有十字花扣、反十字花如、兜扣、缠扣、兜扣加瞪、套扣等，这些方法主要根据绑扎部位的实际需要进行选择，其形式如图 5-14 所示。十字花扣、兜扣适用于乎扳钢筋网和箍筋处绑扎；兜扣主要用于墙钢筋和箍筋的绑扎；反十字花扣、兜扣加瞪适用于梁骨架的箍筋与主筋的绑扎；套扣用于梁的架立钢筋和箍筋的绑口处。

钢筋绑扎安装前，应先熟悉施工图纸，核对钢筋配料单和料牌，研究钢筋安装和与有关工种配合的顺序，准备绑扎用的铁丝、绑扎工具、绑扎架等。

钢筋绑扎要求主要有：

钢筋的交叉点应用铁丝扎牢。

柱、梁的箍筋，除设计有特殊要求外，应与受力钢筋垂直；箍筋弯钩叠合处，应沿受力钢筋方向错开设置。

柱中竖向钢筋搭接时，角部钢筋的弯钩平面与模板面的夹角，矩形柱应为 45°，多边

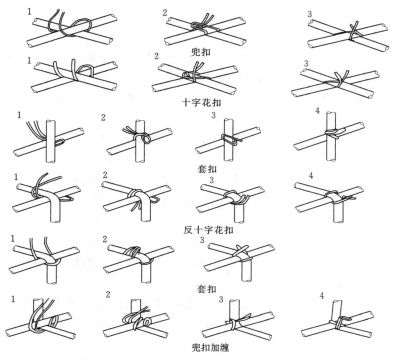

图 5-14　钢筋的其他绑扎方法

形柱应为模板内角的平分角。

板、次梁与主梁交叉处，板的钢筋在上，次梁的钢筋居中，主梁的钢筋在下；当有圈梁或垫梁时，主梁的钢筋应放在圈梁上。主筋两端的搁置长度应保持均匀一致。

（2）钢筋绑扎的安全要求

1）绑扎深基础钢筋时，应设马道联系地面，马道上不准堆料，往基坑搬运或传送钢筋时，应明确联系信号，禁止向基坑内抛掷钢筋。

2）绑扎、安装钢筋骨架前，应对模板工程进行验收，要注意检查模板、支柱及脚手架是否牢固。绑扎高度超过 3m 的圈梁、挑檐、外墙钢筋时，必须搭设正式的操作架子，并按规定挂好安全网，不得站在钢筋骨架或模板上进行作业。

3）高处绑扎钢筋时，钢筋不要集中堆放在脚手架或模板上，避免超载。不要在高处随意堆放工具、箍筋或钢筋短料，防止下滑坠落伤人。

4）禁止以柱或墙的钢筋骨架作为上下的梯子攀登操作，柱子钢筋骨架高度超过 4m 时，在骨架中间应加设支撑拉杆加以稳固。

5）绑扎高度超过 1m 以上梁骨架时，应首先支立一面侧模板并加固好后，再绑扎梁钢筋。

6）不准踩踏绑扎完毕的平台钢筋，或在其上堆放重物，注意保护好钢筋成品。

7）尽可能避免在高处修正、调直粗钢筋，必须进行这项操作时，操作人员要系好安全带，选好位置，人站稳后再操作。

8）钢筋绑扎安装完成后至混凝土浇筑完工前，不准在钢筋成品上行车走人，对于各种原因引起的钢筋变形、位移，要及时修整。

（3）施工准备。

1）材料。钢筋半成品的质量要符合设计图纸要求，钢筋绑扎用的铁丝采用20～22号铁丝（镀锌铁丝），水泥砂浆垫块要有足够强度。

2）工具。常用的工具有铅丝钩、小扳手、撬杠、绑扎架、折尺或卷尺、白粉笔、专用运输机具等。

3）作业条件：① 熟识图纸，核对半成品钢筋的级别、直径、尺寸和数量是否与料牌相符，如有错漏应纠正增补；② 钢筋定位：画出钢筋安装位置线，如果钢筋品种较多，应在已安装好的模板上标明各种型号构件的钢筋规格、形状和数量；③ 绑扎形式复杂的结构部件，应事先考虑支模和绑扎的先后次序，宜制订安装方案；④ 绑扎部位上所有的杂物应在安装前清理干净。

（4）操作及要点。钢筋绑扎程序是：画线→摆筋→穿箍→绑扎→安装垫块等。

1）画线。平板或墙板的钢筋在模板上画线；柱的箍筋在两根对角线主筋上画点；梁的箍筋则在架立筋上画点。

2）摆筋。板类构件摆筋顺序一般先排主筋后排负筋；梁类构件一般先排纵筋。排放有焊接接头和绑扎接头的钢筋应符合规范规定。有变截面的箍筋应事先将箍筋排列清楚，然后安装纵向钢筋。

3）穿箍。按图纸要求间距先把箍筋套在下层伸出的纵向搭接筋上，按已画好箍筋位置线，将已套好的箍筋往上移动。

4）绑扎，进行质量检验。

5）安装垫块。

**5.3.3.2 钢筋连接技术要求——《水工混凝土钢筋施工规范》（DL/T 5169—2013）规定**

（1）绑扎连接要求。

1）受拉钢筋直径小于或等于22mm，受压钢筋直径小于或等于32mm，其他钢筋直径小于或等于25mm，可采用绑扎连接。

2）受拉区域内的光圆钢筋绑扎接头的末端应做弯钩，螺纹钢筋的绑扎接头末端不做弯钩。

3）轴心受拉、小偏心受拉及直接承受动力荷载的构件纵向受力钢筋不得采用绑扎连接。

4）钢筋搭接处，应在中心和两端用绑丝扎牢，绑扎不少于3道。

5）钢筋采用绑扎搭接接头时，纵向受拉钢筋的接头搭接长度按受拉钢筋最小锚固长度值控制，见表5-1。

表 5-1　　　　　　　　　纵向受拉钢筋绑扎接头最小搭接长度

| 项次 | 钢筋牌号 | 混凝土强度等级 | | | | | | | | | |
|---|---|---|---|---|---|---|---|---|---|---|---|
| | | C15 | | C20 | | C25 | | C30、C35 | | ≥C40 | |
| | | 受拉 | 受压 | 受拉 | 受压 | 受拉 | 受压 | 受拉 | 受压 | 受拉 | 受压 |
| 1 | HPB235 | $50d$ | $35d$ | $40d$ | $25d$ | $30d$ | $20d$ | $25d$ | $20d$ | $25d$ | $20d$ |
| 2 | HRB335 | $60d$ | $45d$ | $50d$ | $35d$ | $40d$ | $30d$ | $40d$ | $25d$ | $30d$ | $20d$ |

| 项次 | 钢筋牌号 | 混凝土强度等级 | | | | | | | | | |
| --- | --- | --- | --- | --- | --- | --- | --- | --- | --- | --- | --- |
| | | C15 | | C20 | | C25 | | C30、C35 | | ≥C40 | |
| | | 受拉 | 受压 | 受拉 | 受压 | 受拉 | 受压 | 受拉 | 受压 | 受拉 | 受压 |
| 3 | HRB400 | — | — | $55d$ | $40d$ | $50d$ | $35d$ | $40d$ | $30d$ | $35d$ | $25d$ |
| 4 | CRB550 | — | — | $50d$ | $35d$ | $40d$ | $30d$ | $35d$ | $25d$ | $30d$ | $20d$ |

**注** 1. 月牙纹钢筋直径 $d>25$mm 时，最小搭接长度应按表中数值增加 $5d$。

    2. 表中 HPB235 级光圆钢筋的最小锚固长度值不包括端部弯钩长度。当受压钢筋为 HPB235 级钢筋，末端又无弯钩时，其搭接长度不应小于 $30d$。

    3. 如在施工中分不清受压区或受拉区，则搭接长度按受拉区处理。

（2）直径为 20～40mm 的钢筋接头宜采用接角电渣焊（竖向）和气压焊连接，但当直径大于 28mm 时，应谨慎进行，可焊性差的钢筋接头不宜采用接触电渣焊和气压焊连接。

直径在 16～40mm 范围内的Ⅱ级、Ⅲ级钢筋接头，可采用机械连接。采用套管挤压连接时，所连接的钢筋端部应事些做好伸入套管长度的标记；采用直螺纹连接时，应注意使相连两钢筋的螺纹旋入套筒的长度相等。

（3）采用机械连接的钢筋接头的性能指标应达到 A 级标准，经论证确认后，方可采用 B、C 级接头。

1）A 级：接头的抗拉强度达到或超过母材抗拉强度标准值，并具有高延性及反复抗压性能。

2）B 级：接头的抗拉强度达到或超过母材屈服强度标准值的 1.35 倍，并具有一定延性及反复抗压性能。

3）C 级：接头仅能承受压力。

（4）当施工条件受限制，或经专门论证后，钢筋连接型式可以根据现场条件确定。

**5.3.3.3** 钢筋连接质量验收规范

钢筋连接质量验收规范见表 5－2。

**表 5－2**           **钢筋连接质量验收规范**

| 检控项目 | 序号 | 项目 | 质量验收规范规定 |
| --- | --- | --- | --- |
| 主控项目 | 1 | 纵向受力钢筋连接 | 纵向受力钢筋的连接方式应符合设计要求 |
| | 2 | 接头的试件检验 | 在施工现场，应按国家现行标准《钢筋机械连接通用技术规程》（JGJ 107）、《钢筋焊接及验收规程》（JGJ 18）的规定抽取钢筋机械连接接头，焊接接头试件作力学性能检验，其质量应符合有关规程的规定 |
| 一般项目 | 1 | 钢筋接头位置的设置 | 钢筋的接头宜设置在受力较小处。同一纵向受力钢筋不宜设置两个或两个以上接头。接头末端至钢筋弯起点的距离不应小于钢筋直径的 10 倍 |
| | 2 | 接头的外观检查 | 在施工现场，应按国家现行标准《钢筋机械连接通用技术规程》（JGJ 107）、《钢筋焊接及验收规程》（JGJ 18）的规定抽取钢筋机械连接接头、焊接接头的外观进行检查，其质量应符合有关规程的规定 |

| 检控项目 | 序号 | 项 目 | 质量验收规范规定 |
|---|---|---|---|
| 一般项目 | 3 | 钢筋连接头的设置规定 | 当受力钢筋采用机械连接接头或焊接接头时，设置在同一构件内的接头宜相互错开。<br>纵向受力钢筋机械连接接头及焊接接头连接区段的长度为35倍$d$（$d$为纵向受力钢筋的较大直径）且不小于500mm，凡接头中点位于该连接区段长度内的接头均属于同一连接区段。同一连接区段内，纵向受力钢筋机械连接及焊接的接头面积百分率为该区段内有接头的纵向受力钢筋截面面积与全部纵向受力钢截面面积的比值。<br>同一连接区段内，纵向受力钢筋的接头面积百分率应符合设计要求，当设计无具体要求时，应符合下列规定：<br>（1）在受拉区不宜大于50%。<br>（2）接头不宜设置在有抗震设防要求的框架梁端、柱端的箍筋加密区；当无法避开时，对等强度高质量机械连接接头，不应大于50%。<br>（3）直接承受动力荷载的结构构件中，不宜采用焊接接头；当采用机械连接接头时，不应大于50% |
| | 4 | 钢筋绑扎接头 | 同一构件中相邻纵向受力钢筋的绑扎搭接接头宜相互错开。绑扎搭接接头中钢筋的横向净距不应小于钢筋直径，且不应小于25mm。<br>钢筋绑扎搭接接头连接区段的长度为1.3$L$（$L$为搭接长度），凡搭接接头中点位于该连接区段长度内的搭接接头均属于同一连接区段。同一连接区段内，纵向钢筋搭接接头面积百分率为该区段内有搭接接头的纵向受力钢筋截面面积与全部纵向受力钢筋截面面积的比值。<br>同一连接区段内，纵向受拉钢筋搭接接头面积百分率应符合设计要求，当设计无具体要求时，应符合下列规定：<br>（1）对梁类、板类及墙类构件不宜大于25%。<br>（2）对柱类构件不宜大于50%。<br>（3）当工程中确有必要增大接头面积百分率时，对梁类构件不应大于50%，对其他构件可根据实际情况放宽。<br>纵向受力钢筋绑扎搭接接头的最小搭接长度应符合本规范附录B的规定 |
| | 5 | 梁、柱类构件的箍筋配置 | 在梁、柱类构件的纵向受力钢筋搭接长度范围内，应按设计要求配置箍筋。当设计无具体要求时，应符合下列规定：<br>（1）箍筋直径不应小于搭接钢筋较大直径的0.25倍。<br>（2）受拉搭接区段的箍筋间距不应大于搭接钢筋较小直径的5倍，且不应大于100mm。<br>（3）受压搭接区段的箍筋间距不应大于搭接钢筋较小直径的10倍，且不应大于200mm。<br>（4）当柱中纵向受力钢筋直径大于25mm时，应在搭接接头两个端面外100mm范围内各设置两个箍筋，其间距宜为50mm。 |

#### 5.3.3.4 各种构件内的钢筋绑扎安装

##### 5.3.3.4.1 现浇框架结构钢筋绑扎安装

1. 施工准备

（1）材料要求。

1）钢筋。应有出厂合格证、按规定作力学性能复试。当加工过程中发生脆断等特殊情况，还需作化学成分检验。钢筋应无老锈及油污。

2）成型钢筋。必须符合配料单的规格、尺寸、形状、数量，并应有加工出厂合格证。

3）铁丝。可采用20～22号铁丝（火烧丝）或镀锌铁丝（铅丝）。铁丝切断长度要满足使用要求。

4）垫块。用水泥砂浆制成，50mm见方，厚度同保护层，垫块内预埋20～22号火烧丝。或用塑料卡、拉筋、支撑筋。

（2）主要机具。钢筋钩子、撬棍、扳子、绑扎架、钢丝刷子、手推车、粉笔、尺子等。

（3）作业条件。

1）钢筋进场后应检查是否有出厂证明、复试报告，并按施工平面图中指定的位置，按规格、使用部位、编号分别加垫木堆放。

2）钢筋绑扎前，应检查有无锈蚀，除锈之后再运至绑扎部位。

3）熟悉图纸、按设计要求检查已加工好的钢筋规格、形状、数量是否正确。

4）做好抄平放线工作，弹好水平标高线，柱、墙外皮尺寸线。

5）根据弹好的外皮尺寸线，检查下层预留搭接钢筋的位置、数量、长度，如不符合要求时，应进行处理。绑扎前先整理调直下层伸出的搭接筋，并将锈蚀、水泥砂浆等污垢清除干净。

6）根据标高检查下层伸出搭接筋处的混凝土表面标高（柱顶、墙顶）是否符合图纸要求，如有松散不实之处，要剔除并清理干净。

7）模板安装完并办理预检，将模板内杂物清理干净。

8）按要求搭好脚手架。

9）根据设计图纸及工艺标准要求，向班组进行技术交底。

2. 施工操作工艺

（1）独立柱基础钢筋绑扎。

1）独立柱基础钢筋绑扎顺序：基础钢筋网片→插筋→柱受力钢筋→柱箍筋。

2）操作要点：①独立柱基础钢筋为双向弯曲钢筋，其底面短向与长向钢筋的布置，按设计图纸要求；②钢筋网片绑扎时，要将钢筋的弯钩朝向一边。绑扎时，应先绑扎底面钢筋的两端，以便固定底面钢筋的位置，撑脚形式与放置位置如图5-15所示。③柱钢筋与插筋绑扎接头，绑扣要向里，便于箍筋向上移动；④在绑扎柱钢筋时，其纵向筋应使弯钩朝向柱心；⑤箍筋弯钩叠合处需锚开；⑥插筋需用木条井字架固定在外模扳上；⑦现浇柱

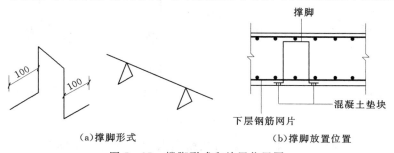

（a）撑脚形式　　　　　　　（b）撑脚放置位置

图5-15　撑脚形式和放置位置图

与基础连接用的插筋应比柱的箍筋缩小直径，以便连接，基础柱钢筋固定示意图如图 5-16 所示。

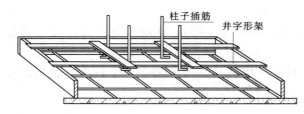

图 5-16 基础柱钢筋固定示意图

（2）绑柱子钢筋。

1）工艺流程。套柱箍筋 → 搭接绑扎竖向受力筋 → 画箍筋间距线 → 绑箍筋。

2）套柱箍筋。按图纸要求间距，计算好每根柱箍筋数量，先将箍筋套在下层伸出的搭接筋上，然后立柱子钢筋，在搭接长度内，绑扣不少于 3 个，绑扣要向柱中心。柱子主筋采用光圆钢筋搭接时，角部弯钩应与模板成 45°，中间钢筋的弯钩应与模板成 90°。

3）搭接绑扎竖向受力筋。柱子主筋立起之后，绑扎接头的搭接长度应符合设计要求，如设计无要求时，应按表 5-3 进行。

表 5-3　　　　　　　　　　　受拉钢筋绑扎接头的搭接长度

| 项　次 | 钢筋类型 | 混凝土强度等级 | | |
| --- | --- | --- | --- | --- |
| | | C20 | C25 | C30 |
| 1 | Ⅰ级钢筋 | 35$d$ | 30$d$ | 25$d$ |
| 2 | Ⅱ级钢筋（月牙形） | 45$d$ | 40$d$ | 35$d$ |
| 3 | Ⅱ级钢筋（月牙形） | 55$d$ | 50$d$ | 45$d$ |

注　1. 当Ⅰ、Ⅱ级钢筋 $d>25$mm 时，其搭接长度应按表中数值增加 5$d$。
　　2. 当螺纹钢筋直径 $d\leqslant25$mm 时，其受拉钢筋的搭接长度按表中数值减少 5$d$ 采用。
　　3. 任何情况下搭接长度均不小于 300mm。绑扎接头的位置应相互错开。从任一绑扎接头中心到搭接长度的 1.3 倍区段范围内，有绑扎接头的受力钢筋截面积占受力钢筋总截面面积百分率：受拉区不得超过 25%；受压区不得超过 50%。当采用焊接接头时，从任一焊接接头中心至长度为钢筋直径 35 倍且不小于 500mm 的区段内，有接头钢筋面积占钢筋总面积百分率：受拉区不宜超过 50%；受压区不限制。

4）画箍筋间距线。在立好的柱子竖向钢筋上，按图纸要求用粉笔划箍筋间距线。

5）柱箍筋绑扎。

a. 按已划好的箍筋位置线，将已套好的箍筋往上移动，由上往下绑扎，宜采用缠扣绑扎，如图 5-17 所示。

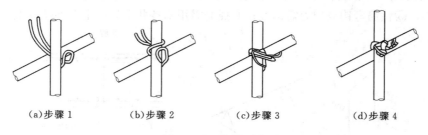

（a）步骤 1　　（b）步骤 2　　（c）步骤 3　　（d）步骤 4

图 5-17　绑扎顺序

b. 箍筋与主筋要垂直，箍筋转角处与主筋交点均要绑扎，主筋与箍筋非转角部分的相交点成梅花交错绑扎。

c. 箍筋的弯钩叠合处应沿柱子竖筋交错布置，并绑扎牢固，见图 5-18。

d. 有抗震要求的地区，柱箍筋端头应弯成 135°，平直部分长度不小于 10$d$（$d$ 为箍筋直径）。如箍筋采用 90°搭接，搭接处应焊接，焊缝长度单面焊缝不小于 5$d$。

e. 柱上下两端箍筋应加密，加密区长度及加密区内箍筋间距应符合设计图纸要求。如设计要求箍筋设拉筋时，拉筋应钩住箍筋，见图 5-19。

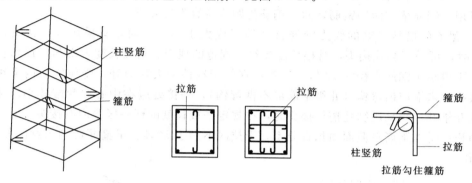

图 5-18　弯钩叠合交错布置　　　　图 5-19　拉筋与箍筋连接示意图

f. 柱筋保护层厚度应符合规范要求，主筋外皮为 25mm，垫块应绑在柱竖筋外皮上，间距一般 1000mm，（或用塑料卡卡在外竖筋上）以保证主筋保护层厚度准确。当柱截面尺寸有变化时，柱应在板内弯折，弯后的尺寸要符合设计要求。

（3）梁钢筋绑扎。

1）工艺流程。模内绑扎：画主次梁箍筋间距→放主梁次梁箍筋→穿主梁底层纵筋及弯起筋→穿次梁底层纵筋并与箍筋固定→穿主梁上层纵向架立筋→按箍筋间距绑扎→穿次梁上层纵向钢筋→按箍筋间距绑扎。

模外绑扎（先在梁模板上口绑扎成型后再入模内）：画箍筋间距→在主次梁模板上口铺横杆数根→在横杆上面放箍筋→穿主梁下层纵筋→穿次梁下层钢筋→穿主梁上层钢筋→按箍筋间距绑扎→穿次梁上层纵筋→按箍筋间距绑扎→抽出横杆落骨架于模板内

2）在梁侧模板上画出箍筋间距，摆放箍筋。

3）先穿主梁的下部纵向受力钢筋及弯起钢筋，将箍筋按已画好的间距逐个分开；穿次梁的下部纵向受力钢筋及弯起钢筋，并套好箍筋；放主次梁的架立筋；隔一定间距将架立筋与箍筋绑扎牢固；调整箍筋间距使间距符合设计要求，绑架立筋，再绑主筋，主次梁同时配合进行。

4）框架梁上部纵向钢筋应贯穿中间节点，梁下部纵向钢筋伸入中间节点锚固长度及伸过中心线的长度要符合设计要求。框架梁纵向钢筋在端节点内的锚固长度也要符合设计要求。

5）绑梁上部纵向筋的箍筋，宜用套扣法绑扎，如图 5-20 所示。

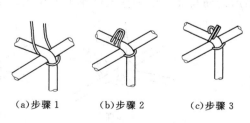

（a）步骤 1　　（b）步骤 2　　（c）步骤 3

图 5-20　绑扎顺序

6）箍筋在叠合处的弯钩，在梁中应交错绑扎，箍筋弯钩为 135°，平直部分长度为 10$d$，如做成封闭箍时，单面焊缝长度为 5$d$。

7）梁端第一个箍筋应设置在距离柱节点边缘 50mm 处。梁端与柱交接处箍筋应加密，其间距与加密区长度均要符合设计要求。

8）在主、次梁受力筋下均应垫垫块（或塑料卡），保证保护层的厚度。受力筋为双排时，可用短钢筋垫在两层钢筋之间，钢筋排距应符合设计要求。

9）梁筋的搭接。梁的受力钢筋直径等于或大于 22mm 时，宜采用焊接接头，小于 22mm 时，可采用绑扎接头，搭接长度要符合规范的规定。搭接长度末端与钢筋弯折处的距离，不得小于钢筋直径的 10 倍。接头不宜位于构件最大弯矩处，受拉区域内 I 级钢筋绑扎接头的末端应做弯钩（II 级钢筋可不做弯钩），搭接处应在中心和两端扎牢。接头位置应相互错开，当采用绑扎搭接接头时，在规定搭接长度的任一区段内有接头的受力钢筋截面面积占受力钢筋总截面面积百分率，受拉区不大于 50％。梁箍筋弯钩示意图如图 5-21 所示。

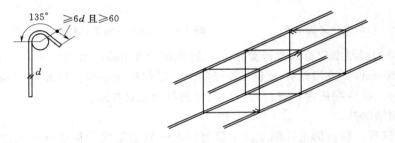

图 5-21　梁箍筋弯钩示意图

（4）板钢筋绑扎。

1）工艺流程。清理模板→模板上画线→绑板下受力筋→绑负弯矩钢筋。

2）清理模板上面的杂物，用粉笔在模板上划好主筋，分布筋间距。

3）按划好的间距，先摆放受力主筋、后放分布筋。预埋件、电线管、预留孔等及时配合安装。

4）在现浇板中有板带梁时，应先绑板带梁钢筋，再摆放板钢筋。

5）绑扎板筋时一般用顺扣（图 5-22）或八字扣，除外围两根筋的相交点应全部绑扎外，其余各点可交错绑扎（双向板相交点须全部绑扎）。如板为双层钢筋，两层筋之间须加钢筋马凳，以确保上部钢筋的位置。负弯矩钢筋每个相交点均要绑扎。

(a)步骤 1　　　　　　　(b)步骤 2　　　　　　　(c)步骤 3

图 5-22　绑扎顺序

6）在钢筋的下面垫好砂浆垫块，间距1.5m。垫块的厚度等于保护层厚度，应满足设计要求，如设计无要求时，板的保护层厚度应为15mm，钢筋搭接长度与搭接位置的要求与前面所述梁相同。板的钢筋网如图5-23所示。带弯起直段钢筋绑扎如图5-24所示。

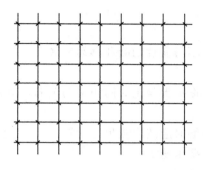

图 5-23　板的钢筋网

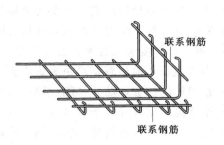

图 5-24　带弯起直段钢筋绑扎

#### 5.3.3.4.2　钢筋绑扎安装质量标准

钢筋绑扎安装质量标准见表5-4。

表 5-4　　　　　　　　　　钢筋绑扎安装质量验收规范

| 检控项目 | 序号 | 项　目 | | | 质量验收规范的规定 | |
|---|---|---|---|---|---|---|
| 主控项目 | | 受力钢筋的品种、级别、规格与数量 | | | 钢筋安装时，受力钢筋的品种、级别、规格和数量必须符合设计要求 | |
| 一般项目 | | 检查项目 | | | 允许偏差/mm | 检查方法 |
| | 1 | 绑扎钢筋网 | 长、宽 | | ±10 | 钢尺检查 |
| | | | 网眼尺寸 | | ±20 | 钢尺量连续三档，取最大值 |
| | 2 | 绑扎钢筋骨架 | 长 | | ±20 | 钢尺检查 |
| | | | 宽、高 | | ±5 | 钢尺检查 |
| | 3 | 受力钢筋 | 间距 | | ±10 | 钢尺量两端、中间各一点，取最大值 |
| | | | 排距 | | ±5 | |
| | | | 保护层厚度 | 基础 | ±10 | 钢尺检查 |
| | | | | 柱、梁 | ±5 | 钢尺检查 |
| | | | | 板、墙、壳 | ±3 | 钢尺检查 |
| | 4 | 绑扎箍筋、横向钢筋间距 | | | ±20 | 钢尺量连续三档，取最大值 |
| | 5 | 钢筋起点的位置 | | | 20 | 钢尺检查 |
| | 6 | 预埋件 | 中心线位置 | | 5 | 钢尺检查 |
| | | | 水平高差 | | +3.0 | 钢尺和塞尺检查 |

注　1. 检查预埋件中心线位置时，应沿纵、横两个方向测量，并取其中的较大值；
　　2. 表中梁、板类构件上部纵向受力钢筋保护层厚度的合格点率应达到90%及以上，且不得超过表中说之的1.5倍额尺寸偏差

**5.3.3.5　成品保护**

（1）柱子钢筋绑扎后，不准踩踏。

（2）楼板的弯起钢筋、负弯矩钢筋绑好后，不准在上面踩踏行走。浇筑混凝土时派钢筋工专门负责修理，保证负弯矩筋位置的正确性。

（3）绑扎钢筋时禁止碰动预埋件及洞口模板。

（4）钢模板内面涂隔离剂时不要污染钢筋。

（5）安装电线管、暖卫管线或其他设施时，不得任意切断和移动钢筋。

**5.3.3.6　钢筋绑扎安装应注意的质量问题**

（1）浇筑混凝土前检查钢筋位置是否正确，振捣混凝土时防止碰动钢筋，浇完混凝土后立即修整甩筋的位置，防止柱筋、墙筋位移。

（2）梁钢筋骨架尺寸小于设计尺寸：配制箍筋时应按内皮尺寸计算。

（3）梁、柱核心区箍筋应加密，熟悉图纸按要求施工。

（4）箍筋末端应弯成135°，平直部分长度为10$d$。

（5）梁主筋进支座长度要符合设计要求，弯起钢筋位置应准确。

（6）板的弯起钢筋和负弯矩钢筋位置应准确，施工时不应踩到下面。

（7）绑板的钢筋时用尺杆划线，绑扎时随时找正调直，防止板筋不顺直，位置不准。

（8）绑竖向受力筋时要吊正，搭接部位绑3个扣，绑扣不能用同一方向的顺扣。层高超过4m时，搭架子进行绑扎，并采取措施固定钢筋，防止柱、墙钢筋骨架不垂直。

（9）在钢筋配料加工时要注意，端头有对焊接头时，要避开搭接范围，防止绑扎接头内混入对焊接头。

**5.3.3.7　钢筋绑扎与安装的质量通病及其防治措施**

（1）钢筋骨架外形尺寸不准。

原因：在模板外绑扎成型的钢筋骨架，往模板内安装时出现放不进去或保护层过厚等问题，说明钢筋骨架外形尺寸不准确。造成钢筋骨架外形尺寸不准确的原因，一是加工过程中钢筋外形不正确；二是安装质量不得合要求。

防治：绑扎时将多根钢筋端部对齐；防止钢筋绑扎倾斜或骨架扭曲。对尺寸不准的骨架，可将导致尺寸不准的个别钢筋松绑，重新安装绑扎。切忌用锤子敲击。以免其他部位的钢筋发生变形或松动。

（2）保护层厚度不准。

原因：水泥砂浆垫块的厚度不准或垫块的数量和位置不符合要求。

防治：根据工程情况，分门别类地制作各种规格的水泥砂浆垫决，其厚度应严格控制，使用时应对号入座，切忌乱用，水泥砂浆垫块的放置数量和位置应符合施工规范的要求，并且绑扎牢固。在混凝土浇筑过程中，在钢筋网片有可能随混凝土浇捣而沉落的地方，应采取措施，防止保护层偏差。浇捣混凝土前发现保护层尺寸不准时，应及时采取补救措施。如用铁丝将钢筋位置调整后绑吊在楔扳楞上，或用钢筋架支托钢筋，以保证保护层厚度准确。目前广泛应用塑料定位卡，可有效防治这类通病。塑料定位卡是由工程塑料通过挤压成型加工而成的。根据钢筋的直径和部位有不同规格。卡在钢筋上既能确保保护层厚度，而且有利于防止钢筋位移。

（3）墙柱外伸钢筋位移。

原因：钢筋安装合格后固定钢筋的措施不可靠而产生位移。浇捣混凝土时，振捣器碰撞钢筋引发位移，又未及时修正。

防治：钢筋安装检查合格后，在其外伸部位加一道临时箍筋，然后用固定铁卡或方木固定。确保钢筋不外移，在浇捣混凝土时不得碰撞钢筋。混凝土浇捣完应再检查一遍，发现钢筋位移应及时补救。当钢筋已发生明显的位移时，处理方法须经设计人员同意。

（4）钢筋的搭接长度不够。

原因：现场操作人员对钢筋搭接长度的要求不了解，特别是对新规范不熟悉。

防治：提高操作人员对钢筋搭接长度必要性的认识，和掌握搭接长度的标准；操作时应测量每个接头，检查搭接长度是否符合设计和规范要求。

（5）钢筋接头位置错误或接头过多。

原因：不熟悉有关钢筋绑扎接头和焊接接头的规定。如绑扎钢筋时将柱钢筋接头位置放在同一方向。此外，配料人员配料时，疏忽大意，没分清钢筋处于受拉区还是受压区，造成同截面钢筋接头太多。

防治：预先画施工图，注明各号钢筋的搭配顺序，并根据受拉区和受压区的要求正确决定接头位置和接头数量。现场绑扎时，应事先详细交底。以免放错位置。若发现接头位置或接头数目不符合规范要求，应重新制订设置方案；已绑扎好的，应拆除钢筋骨架，重新确定配置绑扎方案再行绑扎。如果个别钢筋的接头位置有误也可以将其抽出，返工重做。

（6）箍筋间距不等。

原因：图纸上所注的间距为近似值，按此近似值绑扎，则箍筋的间距和根数有出入。此外，操作人员绑前不放线，按大概尺寸绑扎，也多造成间距不一致。

防治：绑扎前应根据配筋图预先算好箍筋的实际间距，并画线作为绑扎时的依据。已绑扎好的钢筋骨架发现箍筋的间距不一致时，可以作局部调整或增加 1～2 个箍筋。

（7）弯起钢筋的放置方向错误。

原因：事先没有对操作人员作认真的交代，造成操作错误，或在钢筋骨架入模时，疏忽大意，造成弯起钢筋方向错误。

防治：事先对操作人员进行交底，在钢筋配料单上注明，提醒安装操作者，为了避免此类事故，要加强这部分钢筋的检查与监督。特别是初进入施工现场的人员，要避免出现此类问题。发现此类错误必须坚决拆除改正，尽量把事故消灭在混凝土浇筑之前。如果在混凝土浇筑后才发现错误，一般情况应作报废处理。

（8）遗漏构件中钢筋。

原因：钢筋工程管理不严，钢筋绑扎前未按照钢筋下料单核对配料单和料牌及各钢号钢筋绑扎、安装顺序的要求。

防治：绑扎钢筋前，应熟悉图样要求，检查钢筋的规格、数量等是否准确齐全。在熟悉图样的基础上，仔细研究各号钢筋绑扎安装顺序，使操作者按各号钢筋绑扎安装的顺序进行操作。钢筋绑扎完毕后，一定要认真检查核对各号钢筋，不得有漏绑和遗留在现场的钢筋。如果发现构件中有漏绑的钢筋，必须设法全部补上。

（9）钢筋网主次钢筋位置放错。

原因：操作人员缺乏必要的结构知识，钢筋绑扎中未分清主次钢筋的位置，不加区别随意放置。

防治：操作人员务必弄清楚主次钢筋的位置，按正确位置摆放。对已经放错的主次钢筋，未浇筑混凝土的要取出钢筋重新绑扎；已经浇筑混凝土的必须通过设计人员复核后，再决定是否采取措施。

（10）构件中预埋件遗漏或错位。

原因：操作者不熟悉图样中预埋件位置和数量，或安装时预埋件固定不牢固。

防治：要求操作者明确安装预埋件的品种、规格、位置、数量，并事先确定固定预埋件的方法。浇筑混凝土时，要求振捣器不要碰到预埋件。施工中一旦发现预埋件遗留、错位时，应及时纠正或补救。

# 5.4 实训作业及评分标准

## 5.4.1 问题讨论

5～6 人一组，认真阅读相关知识，讨论完成下列作业，选出代表，回答问题，教师进行讲评。

（1）对钢筋的连接，规范有何规定？

（2）钢筋的连接方式有哪几种？各有何特点？

（3）为了保证构件的受力性能，绑扎接头应符合哪些规定？

（4）钢筋绑扎的基本操作方法有哪几种？各有何特点？

（5）基础内钢筋绑扎安装的操作要点有哪些？质量要求是什么？

（6）独立柱基础钢筋绑扎安装的顺序是什么？具体步骤有哪些？

（7）框架柱内钢筋绑扎安装的操作要点有哪些？质量要求是什么？

（8）框架柱钢筋绑扎安装的顺序是什么？具体步骤有哪些？

（9）框架梁内钢筋绑扎安装的操作要点有哪些？质量要求是什么？

（10）框架梁钢筋绑扎安装的顺序是什么？具体步骤有哪些？

### 5.4.2 填写表格

5～6人一组，进行钢筋的现场绑扎并且进行质量检验，完成下列表格，见表5-5。

表 5-5            质 量 检 验 表

| 序号 | 工作 | 钢筋的绑扎操作方法 | 受力钢筋的品种、级别、规格、数量 | 接头位置和数量 | 接头面积百分率和搭接长度 |
|------|------|------|------|------|------|
|  |  |  |  |  |  |
|  |  |  |  |  |  |
|  |  |  |  |  |  |
|  |  |  |  |  |  |

### 5.4.3 评分标准

评分标准见表 5-6。

表 5-6 评 分 标 准

| 项次 | 项目 | 检查方法 | 评分标准 | 应得分 | 实得分 |
|---|---|---|---|---|---|
| 1 | 问题回答 | 互相检查对比 | 视回答情况、成果酌情扣分 | 40 | |
| 2 | 基础钢筋绑扎 | 互相检查对比 | 视成果酌情扣分 | 10 | |
| 3 | 柱钢筋绑扎 | 互相检查对比 | 视成果酌情扣分 | 10 | |
| 4 | 梁钢筋绑扎 | 互相检查对比 | 视成果酌情扣分 | 20 | |
| 5 | 团结协作、积极参与 | 目测 | | 10 | |
| 6 | 文明操作 | 目测 | | 5 | |
| 7 | 综合印象 | 目测 | | 5 | |

# 附录　×××工程结构施工图

## 结 构 设 计 说 明

1. 本工程标高以米为单位，尺寸均以毫米为单位。

2. 本工程抗震设防烈度为 7 度，钢筋混凝土框架的抗震等级为 3 级，建筑场地类别为Ⅱ类。

3. 本工程的±0.000 标高相当于绝对标高 1520.45m。

4. 本工程根据××省建筑工程勘察院提供的岩土工程勘察报告（甲方提供）进行设计，基底埋置于②层黏土层内 200mm。地基承载力标准值 fk 为 300kPa，土的压缩模量 $E_s$ 为 13.0MPa。

5. ±0.000 以下砖墙采用 MU10 黏土机制砖，M5 水泥砂浆砌筑，在－0.060m 处设防潮层，采用 1：2 水泥砂浆内掺 3‰防水剂制作，20mm 厚。±0.000 以上砖墙采用烧结承重多孔砖，M5 混合砂浆砌筑，墙厚请见建施图。

6. 钢筋：Φ表示Ⅰ级钢筋，Φ表示Ⅱ级月牙纹钢筋，现浇板内未示出的负钢筋均在Φ8@200，现浇板内未示出的分布钢筋均为Φ6@200。

7. 混凝土强度等级：4.180m 标高及 4.180m 标高以下梁、板、柱（包括基础梁）均采用 C30。4.180m 标高以上梁、板、柱均采用 C25。

8. 钢筋混凝土保护层的厚度：板为 15mm；梁为 25mm；柱为 30mm；基础为 40mm，当无混凝土垫层时为 70mm。

9. 本工程应严格遵守国家颁发的建筑工程现行施工验收规范、规程、规定进行施工。所选用的预制标准构件，应严格按照相应的标准图集进行施工，并应于建筑、给排水、采暖通风、建筑电气、弱电及总图密切配合施工。

10. 本工程的合理使用年限为 50a。

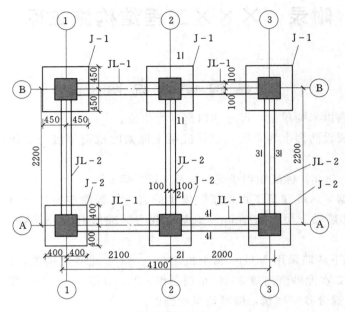

基础平面布置图

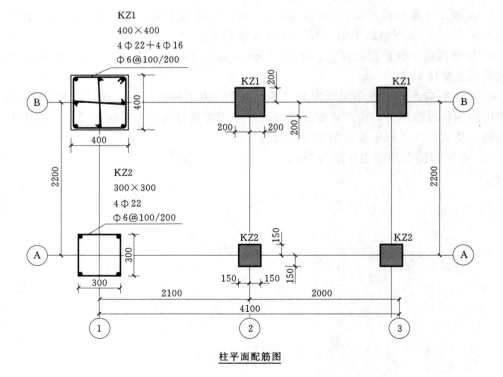

KZ1
400×400
4Φ22+4Φ16
Φ6@100/200

KZ2
300×300
4Φ22
Φ6@100/200

柱平面配筋图

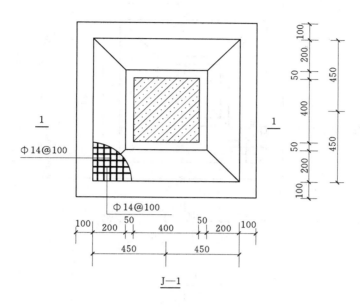

Φ14@100

Φ14@100

| 100 | 200 | 50 | 400 | 50 | 200 | 100 |

| 450 | | 450 |

J—1

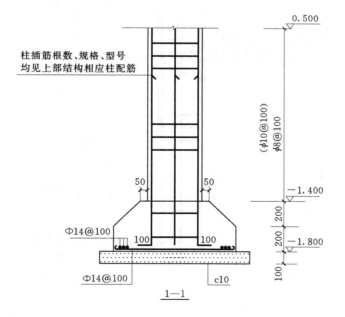

柱插筋根数、规格、型号
均见上部结构相应柱配筋

Φ14@100

100          100

Φ14@100                    c10

1—1

0.500

(Φ10@100)
Φ8@100

−1.400

−1.800

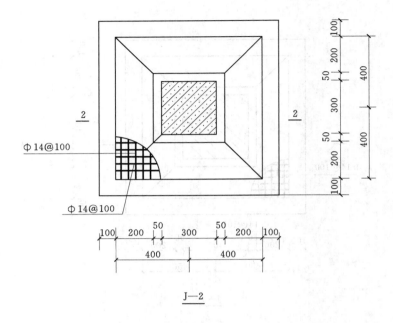

Φ 14@100

Φ 14@100

J—2

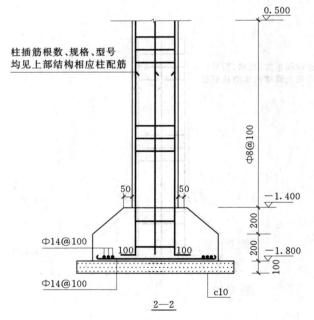

柱插筋根数、规格、型号
均见上部结构相应柱配筋

Φ8@100

Φ14@100

Φ14@100

c10

2—2

102

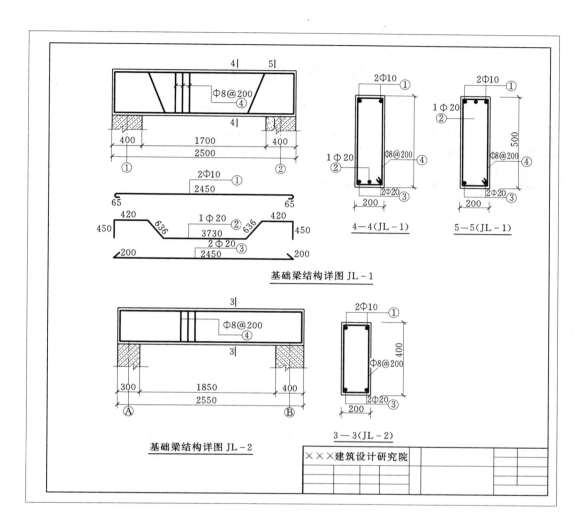

基础梁结构详图 JL－1

基础梁结构详图 JL－2

4－4(JL－1)

5－5(JL－1)

3－3(JL－2)

| ×××建筑设计研究院 | | | | | |
|---|---|---|---|---|---|
| | | | | | |
| | | | | | |

# 参 考 文 献

[1] 黄廷春. 水工钢筋工程施工技术，北京：中国水利水电出版社，2010.
[2] 中国电力企业联合会. DL/T 5169—2013 水工混凝土钢筋施工规范. 北京：中国电力出版社，2013.
[3] 周旭. 钢筋翻样及加工，北京：机械工业出版社，2011.